Erwin Dee Kord (Hrsg.)

Berg-Feldwespe

Erwin Dee Kord (Hrsg.)

Berg-Feldwespe

Taillenwespen, Vespoidea, Faltenwespen, Clypeus, Zierliche Feldwespe

Solv

Imprint

Publisher:
Solv is a trademark of
International Book Market Service Ltd., 17 Rue Meldrum, Beau Bassin, 1713-01 Mauritius
Email: info@bookmarketservice.com
Website: www.bookmarketservice.com

Published in 2012

Printed in: U.S.A., U.K., Germany. This book was not produced in Mauritius.

ISBN: 978-613-8-60967-4

Contents

Articles

References

Berg-Feldwespe

Berg-Feldwespe	
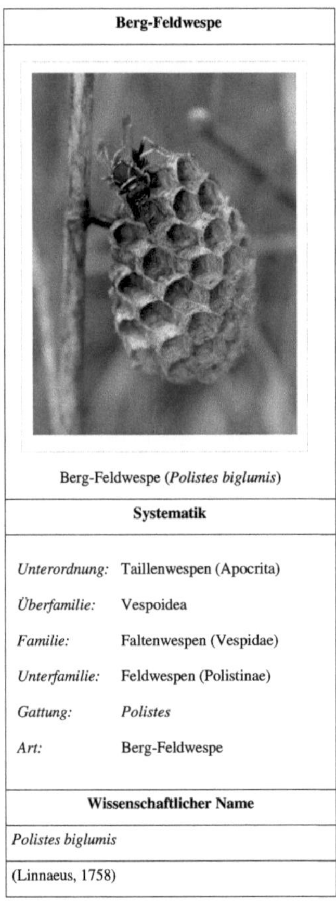 Berg-Feldwespe (*Polistes biglumis*)	
Systematik	
Unterordnung:	Taillenwespen (Apocrita)
Überfamilie:	Vespoidea
Familie:	Faltenwespen (Vespidae)
Unterfamilie:	Feldwespen (Polistinae)
Gattung:	*Polistes*
Art:	Berg-Feldwespe
Wissenschaftlicher Name	
Polistes biglumis	
(Linnaeus, 1758)	

Die **Berg-Feldwespe** (*Polistes biglumis*) ist ein Hautflügler aus der Familie der Faltenwespen (Vespidae).

Merkmale

Die Tiere erreichen eine Körperlänge von bis zu 16 Millimetern (Königin), 14 Millimetern (Arbeiterin) bzw. 15 Millimetern (Männchen). Wie auch die übrigen Feldwespen sind sie schwarz-gelb gezeichnet. Die Zeichnung am Clypeus kann dabei variieren. Die Art ist den Weibchen der Zierlichen Feldwespe (*Polistes bischoffi*) sehr ähnlich.

Vorkommen

Die Art ist in Nordafrika, Süd- und Mitteleuropa und dem Süden Skandinaviens, östlich bis nach Zentralasien verbreitet. Sie besiedelt temperaturbegünstigte, südseitige Lebensräume. Die Tiere kommen von Mai bis September vor. Sie sind im Süden Mitteleuropa verbreitet bis häufig anzutreffen.

Lebensweise

Das Nest wird nahe am Boden an Steinen oder Pflanzenstängeln gebaut. Die Wabe kann in der Regel bis zu 100, maximal 150 Zellen umfassen. Die Zelldeckel sind zunächst weiß, verfärben sich aber nach etwa einem Tag schwarzbraun. Die Kuckuckswespe *Polistes atrimandibulis* parasitiert die Art.

Synonyme

- *Vespa biglumis* Linnaeus, 1758[1]
- *Vespa bimaculata* Geoffroy in Fourcroy, 1785[1]
- *Polistes dubia* Kohl, 1898[1]
- *Vespa rupestris* Linnaeus, 1758[1]

Quellen

Einzelnachweise

[1] *Polistes biglumis (Linnaeus 1758).* (http://www.faunaeur.org/full_results.php?id=167843) Fauna Europaea, abgerufen am 04.06.2007.

Literatur

- Rolf Witt: *Wespen. Beobachten, Bestimmen.* Naturbuch-Verlag, Augsburg 1998, ISBN 3-89440-243-1.

Taillenwespen

Taillenwespen	
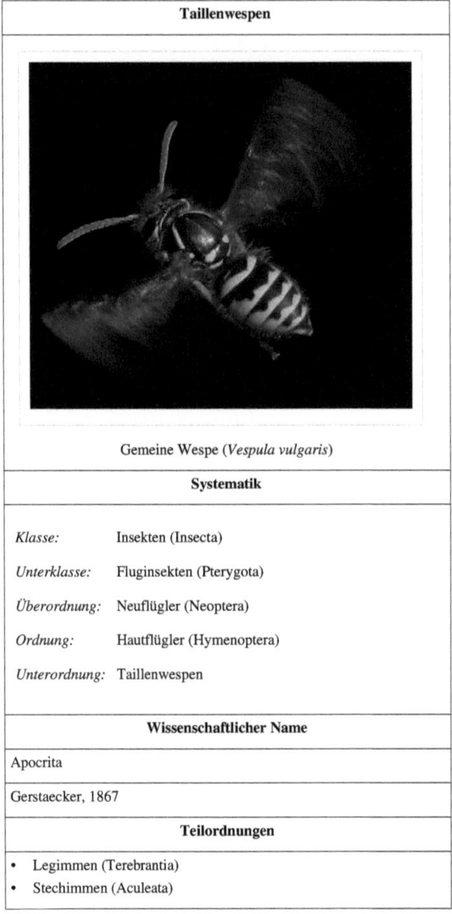 Gemeine Wespe (*Vespula vulgaris*)	
Systematik	
Klasse:	Insekten (Insecta)
Unterklasse:	Fluginsekten (Pterygota)
Überordnung:	Neuflügler (Neoptera)
Ordnung:	Hautflügler (Hymenoptera)
Unterordnung:	Taillenwespen
Wissenschaftlicher Name	
Apocrita	
Gerstaecker, 1867	
Teilordnungen	
• Legimmen (Terebrantia) • Stechimmen (Aculeata)	

Die **Taillenwespen** (Apocrita), auch **Schnürwespen** genannt, sind die wichtigste Unterordnung der Hautflügler (Hymenoptera) mit zahlreichen Arten. Die Pflanzenwespen (Symphyta) sind nicht so vielfältig und verfügen über viel weniger Arten. Beide Gruppen haben meist durchscheinende Flügel, jedoch nur die Taillenwespen weisen eine tiefe Einschnürung zwischen dem ersten und zweiten Segment des Hinterleibs (Abdomen) auf, die sogenannte „Wespentaille". Diese macht den Hinterleib äußerst beweglich – was nicht nur bei schmerzhaften Stichen zu bemerken ist.

Wespen, Ameisen und Bienen

Weltweit sind bis jetzt etwa 100.000 Arten bekannt. Obwohl es in Europa „nur“ rund 10.000 Arten sind, ist hier keine Tiergruppe vielfältiger als diese Insektenordnung.

Große Artenfamilien sind die Schlupfwespen und die Faltenwespen, zu denen auch Echten Wespen (Vespinae) gehören, sowie die Bienen und Grabwespen (Apoidea).

Weltweit zählt man etwa 30.000 Bienenarten (Apiformes), zu denen unter anderem auch die Hummeln (*Bombus*) gehören. Ferner zählen auch alle Ameisenarten (Formicidae) zu den Taillenwespen.

Bau der Taillenwespen

Die Taillenwespen besitzen im Gegensatz zu den primitiveren Pflanzenwespen (Symphyta) den charakteristischen Hinterleibseinschnitt (Die „Wespentaille“). Dieser Einschnitt ist immer vorhanden, kann aber, z.B. bei den Hummeln (*Bombae*), durch Pelzhaare verdeckt sein. Er trennt jedoch nur scheinbar Brust (Thorax) und Hinterleib (Abdomen). Anatomisch gesehen bilden der Thorax und das erste Abdominalsegment (Propodeum) also eine Einheit, die als Mesosoma bezeichnet wird. Der restliche Hinterleib wird Metasoma genannt, und umfasst das Stielchenglied (Petiolus), das jedoch nur bei manchen Untergruppen vorkommt (z.B. Ameisen), und die Gaster.

Die Größe der Tiere reicht von den winzigen Zehrwespen (0,2 Millimeter große Parasiten) bis zu den Hornissen (*Vespa*) mit einer Körperlänge von zum Teil über fünf Zentimetern.

Die Flügel-Flügelspannweite variiert mit 1 bis 100 Millimetern ebenfalls stark; der „Riesenflieger“ ist die in Südamerika beheimatete Art *Pepsis heros*.

Aufgrund der großen Artenzahl hat die Schar dieser Hautflügler nicht nur sehr vielfältige Lebensweisen, sondern auch vielgestaltige Morphologie. Ihre großzelligen, häutigen Flügelpaare werden gleichsinnig bewegt; vielfach können die Flügel durch Randstrukturen miteinander verbunden werden. Bei einigen Familien und vielen Arten sind sie jedoch (wie bei Läusen und Ameisen- Arbeiterinnen) ganz reduziert oder nur zeitweilig bei Königinnen bzw. Männchen vorhanden.

Weitere Charakteristika sind große Facettenaugen (tausende längliche Sehzellen) und drei Punktaugen (Ocellen). Die Mundwerkzeuge (Kiefer), auch Mandibel genannt, können als Beiß- und Kauwerkzeuge (wie bei Echten Wespen) oder auch als Leck- oder Saugwerkzeuge ausgestaltet sein (etwa bei Bienen).

Lebensweise

Die sozialen Verhaltensweisen reichen von "Einsiedlern" und Parasiten bis zu Gruppen- und Staatenbildung. Die Männchen entwickeln sich parthenogenetisch aus nicht befruchteten Eiern, Weibchen schlüpfen hingegen aus befruchteten Eiern. Die Larven werden vielfach in Brutpflege versorgt.

Zu den Apocrita gehören einige hochentwickelte, staatenbildende Familien. Solche Tiergesellschaften finden sich bei fast allen Ameisen (Formicinae), Echten Wespen (Vespinae) und Bienen (Apiformes).

- *siehe auch Hymenopterenstaat*

Die Systematik der Taillenwespen

Als einzige Tiere innerhalb der Holometabolen Insekten haben die weiblichen Hautflügler einen Legestachel (Ovipositor). Bei vielen Taillenwespen-Arten ist dieser Legebohrer in einen Wehrstachel umgewandelt. Man unterscheidet daher Legimmen (Terebrantia) und Stechimmen (Aculeata).

- Teilordnung Legimmen (Terebrantia)
  - Überfamilie Trigonaloidea
  - Überfamilie Megalyroidea
  - Überfamilie Evanioidea
  - Überfamilie Ceraphronoidea
  - Überfamilie Gallwespenartige (Cynipoidea)
  - Überfamilie Zehrwespenartige (Proctotrupoidea)
  - Überfamilie Erzwespen (Chalcidoidea)
  - Überfamilie Mymarommatoidea (früher zu den Chalcidoidea gerechnet)
  - Überfamilie Stephanoidea
  - Überfamilie Schlupfwespenartige (Ichneumonoidea)
- Teilordnung Stechimmen (Aculeata)
  - Überfamilie Chrysidoidea
  - Überfamilie Vespoidea (inklusive Ameisen)
  - Überfamilie Bienen und Grabwespen (Apoidea)

Weblinks

- *Hymenoptera Information System*: Hymenopterenfamilien weltweit [1] (Checklisten, Taxonomie und Nomenklatur, Rote Listen, aktuelle Literatur, Fotogalerie etc)
- Hautflügler allgemein: Bienen, Hummeln, Wespen [2]
- Hautflügler - Charakteristika, Larven und Stachel [3]
- wichtige Familien der Taillenwespen [4]
- Faltenwespen ("echte Wespen") [5]

References

[1] http://www.hymis.eu/
[2] http://www.Hymenoptera.de
[3] http://www.insektenbox.de/fibel/fi87hautfl.htm
[4] http://www.faunistik.net/DETINVERT/HYMENOPTERA/hym.tax.apocrita.html
[5] http://www.faunistik.net/DETINVERT/HYMENOPTERA/VESPIDAE/vespidae.html

Vespoidea

Vespoidea	
 Gemeine Wespe (*Vespula vulgaris*)	
Systematik	
Klasse:	Insekten (Insecta)
Ordnung:	Hautflügler (Hymenoptera)
Unterordnung:	Taillenwespen (Apocrita)
Teilordnung:	Stechimmen (Aculeata)
Überfamilie:	Vespoidea
Wissenschaftlicher Name	
Vespoidea	
Familien	

- Sierolomorphidae
- Rollwespen (Tiphiidae)
- Keulenwespen (Sapygidae)
- Ameisenwespen (Mutillidae)
- Wegwespen (Pompilidae)
- Rhopalosomatidae
- Bradynobaenidae
- Ameisen (Formicidae)
- Faltenwespen (Vespidae)
- Dolchwespen (Scoliidae)

Die Überfamilie **Vespoidea** zählt zur Ordnung der Hautflügler (Hymenoptera). Zusammen mit den Apoidea und den Chrysidoidea bildet sie die Teilordnung der Stechimmen (Aculeata). Sie umfasst 10 Familien mit etwa 24.000 Arten. Zu ihr gehören bekannte Vertreter wie die Faltenwespen (Vespidae) und Ameisen (Formicidae).[1]

Merkmale

Bislang scheint der Gruppe eine gemeinsame solide Synapomorphie zu fehlen. Hauptsächlich wird die Vespoidea durch das zurückgebildete Prepectus, das Sklerit das seitlich am Thorax zwischen dem seitlichen Teil des Pronotums und dem Mesopleuron liegt, charakterisiert, wobei der Umfang der Zurückbildung innerhalb der Vespoidea unterschiedlich ausgeprägt ist.[1]

Lebensweise

Die Vespoidea umfasst Gruppen mit sehr unterschiedlichen Lebensweisen. Es gibt Arten, die einfache Jagdverhalten besitzen um ihre Brut zu versorgen, andere haben eine parasitische Lebensweise. Diese reicht vom Ektoparasitismus an unbetäubten Wirtstieren bis hin zur Jagd auf Wirtstiere, die betäubt der Brut zur Verfügung gestellt werden. Die Nistmöglichkeiten reichen von der Verwendung von vorhandenen Hohlräumen bis hin zum Bau komplexer vielzelliger Papiernester aus zerkauter Zellulose. Auch das Sozialverhalten innerhalb der Vespoidea könnte unterschiedlicher nicht sein und umfasst das gesamte Spektrum von einer solitären bis hin zu einer eusozialen Lebensweise.[1]

Systematik

Die Überfamilie beinhaltet 10 Familien. Nach derzeitig allgemeiner Ansicht folgen die phylogenetischen Beziehungen der Familien innerhalb der Vespoidea folgendem Kladogramm:

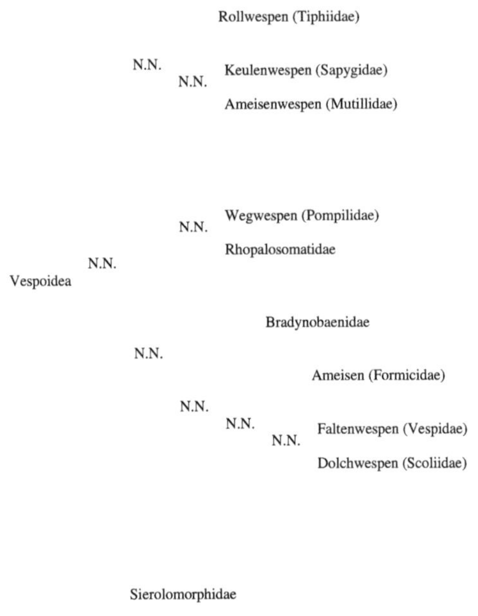

Rollwespen (Tiphiidae)
N.N.
N.N.
Keulenwespen (Sapygidae)
Ameisenwespen (Mutillidae)
N.N.
Wegwespen (Pompilidae)
Rhopalosomatidae
N.N.
Vespoidea
Bradynobaenidae
N.N.
Ameisen (Formicidae)
N.N.
N.N.
N.N.
Faltenwespen (Vespidae)
Dolchwespen (Scoliidae)
Sierolomorphidae

Belege

Einzelnachweise

[1] Erik M. Pilgrim, Carol D. von Dohlen & James P. Pitts: *Molecular phylogenetics of Vespoidea indicate paraphyly of the superfamily and novel relationships of its component families and subfamilies*, Zoologica Scripta, 37 (2008), 539–560.

Weblinks

- Tree of Life web project (http://tolweb.org/Vespoidea/11191) (englisch)
- Kartierungen, Informationen und Fotogalerien mit teilweise anhand von Präparaten bis zur Art bestimmten Spezies (http://www.hymis.de/)

Faltenwespen

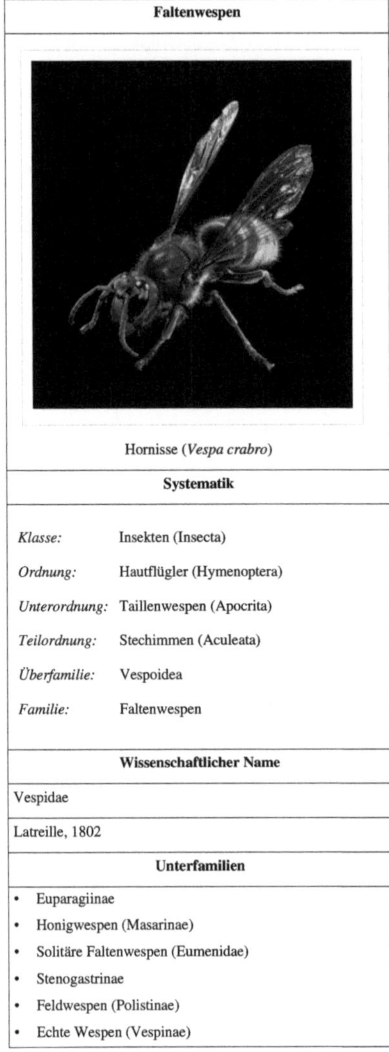

Faltenwespen	
Hornisse (*Vespa crabro*)	
Systematik	
Klasse:	Insekten (Insecta)
Ordnung:	Hautflügler (Hymenoptera)
Unterordnung:	Taillenwespen (Apocrita)
Teilordnung:	Stechimmen (Aculeata)
Überfamilie:	Vespoidea
Familie:	Faltenwespen
Wissenschaftlicher Name	
Vespidae	
Latreille, 1802	
Unterfamilien	

- Euparagiinae
- Honigwespen (Masarinae)
- Solitäre Faltenwespen (Eumenidae)
- Stenogastrinae
- Feldwespen (Polistinae)
- Echte Wespen (Vespinae)

Die **Faltenwespen** (Vespidae) sind eine Familie der Stechimmen (Aculeata) in der Ordnung der Hautflügler (Hymenoptera). Sie umfassen weltweit etwa 4000 Arten, von denen etwa 100 auch in Mitteleuropa leben.

Morphologie

Der Name Faltenwespen ist darauf zurückzuführen, dass die Flügel der Tiere in Ruhelage längs gefaltet sind. Die Facettenaugen sind nierenförmig. Die häufige schwarzgelbe aposematische Färbung als Warntracht weist auf die Wehrhaftigkeit der meisten Arten hin.

Lebensweise und Entwicklung

Zu den Faltenwespen gehören die Echten Wespen (Vespinae), die zusammen mit den Feldwespen (Polistinae) als *Soziale Faltenwespen* bezeichnet werden. Als staatenbildende Arten gehören sie zu den bekanntesten Insekten. Der Großteil gehört zu den Solitärlebenden der Arten Lehmwespen (Eumeninae), wie beispielsweise die Töpferwespen, die für ihre Larven Brutzellen aus Lehm bauen. Diese Gruppe kommt mit über 200 Arten in Europa vor. Daneben gehören zu den Faltenwespen noch die Honigwespen (Masarinae) mit weltweit über 300 Arten.

Arten

- *Stenodynerus dentisquama*

Weblinks

- Unterscheidung der sozialen Faltenwespen [1]
- Seite über Faltenwespen [2]

References

[1] http://www.vespa-crabro.de/unterscheidung.htm
[2] http://www.faltenwespen.de

Feldwespen

Feldwespen	
 Gallische Feldwespe (*Polistes dominula*)	
Systematik	
Überordnung:	Neuflügler (Neoptera)
Ordnung:	Hautflügler (Hymenoptera)
Unterordnung:	Taillenwespen (Apocrita)
Überfamilie:	Vespoidea
Familie:	Faltenwespen (Vespidae)
Unterfamilie:	Feldwespen
Wissenschaftlicher Name	
Polistinae	

Die **Feldwespen** (Polistinae) sind eine Unterfamilie der Faltenwespen (Vespidae). Weltweit sind etwa 630 Arten bekannt. Die meisten Arten leben in den Tropen und Subtropen, nur fünf Arten, die alle zur Gattung *Polistes* gehören, leben auch in Deutschland.

Den höherentwickelten Echten Wespen (Unterfamilie Vespinae) sind Feldwespen in Aussehen und Verhalten ziemlich ähnlich: Sie weisen auch die typische schwarz-gelbe Warnfärbung auf, und sie sind eusozial in kleinen Völkern. Beide Unterfamilien bauen Nester aus einem papierartigen Stoff, der aus zerkauten Holzfasern gebildet wird, man bezeichnet sie darum auch als Papierwespen im Gegensatz zu den Lehmwespen, die ihre Nester vorwiegend mit oder im Lehm bauen. Allerdings gibt es auch bedeutende Unterschiede zu den Echten Wespen:

- Das Nest wird meist von einem einzigen Weibchen (Königin) gegründet (haplometrotisch). Vereinzelt ist auch eine Nestgründung von mehreren Weibchen (Königinnen) zu beobachten (pleometrotisch). In der Zeit der Nestbetreuung kommt bei beiden Gründungstypen die Polygynie häufig vor, also ein Volk kann auch von mehreren Weibchen (Königinnen) betreut werden (Polygyne Nester). Meistens finden sich zu dieser Gemeinschaftsbetreuung Schwesterntiere zusammen.
- Waben und Völker sind deutlich kleiner als die der häufigeren und in der Bevölkerung bekannteren Echten Wespen.

- Alle Feldwespenarten bauen ihre Waben vertikal und ohne schützende Hülle, die Waben liegen stets offen und frei. Das wird verschiedentlich in Literatur falsch dargestellt („mit Hülle")

Ihre kleinen Waben heften die Feldwespen mit einem zentralen Stiel an Pflanzen und andere geeignete Substrate wie Holz und Steine an. Als eine gut zu verteidigende Engstelle gegen Ameisen dient der meist recht kurze Stiel zwischen Wabe und Substrat. Meist werden die Nester an wärmebegünstigten, südexponierten Stellen gebaut, die Gallische Wespe (*Polistes dominula*) zeigt eine Tendenz zur Synanthropie, d. h. sie nutzt oft Lebensräume im Siedlungsbereich.

Bei zu hohem Temperaturanstieg im Nest setzen sich die Wespen an den Oberrand der Wabe, um durch Flügelfächeln die überschüssige Wärme wegzutransportieren. Zusätzlich kann Wasser eingebracht werden, um durch die entstehende Verdunstungskälte weiter zu kühlen. Auf diese Weise kann tagsüber eine konstante Nesttemperatur von 30–35° C erzielt werden.

Feldwespen können kleinere Nektartropfen in leeren Zellen speichern, die dazu natürlich eine ausreichend feste Konsistenz aufweisen müssen. Feldwespen können an Merkmalen des Kopfes bekannte und fremde Artgenossen unterscheiden.[1] Dies wurde durch Versuchsreihen mit *Polistus fuscatus* nachgewiesen.[2]

Als Parasit bei *Polistes* spielt die Schlupfwespe *Latibulus argiolus* (Rossi, 1790) eine Rolle. Sozialparasitische Arten werden in der Subgattung *Sulcopolistes* zusammengefasst.

Systematik (unvollständig)

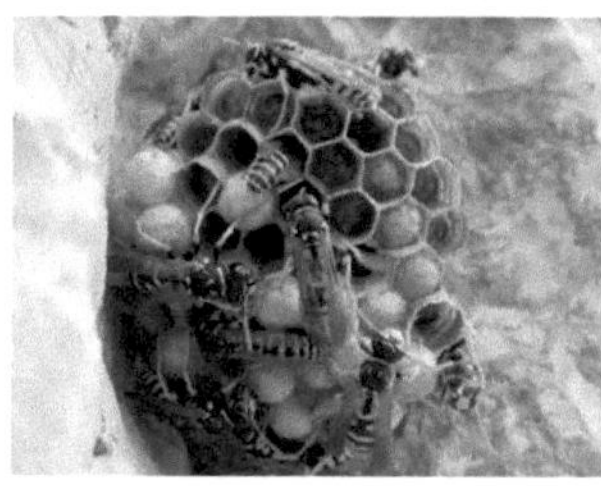

Nest der Gallischen Feldwespe

Gallische Feldwespe

- Tribus Epiponini
  - Gattung *Agelaia*
  - Gattung *Angiopolybia*
  - Gattung *Apoica*
  - Gattung *Brachygastra*
  - Gattung *Chartergus*
  - Gattung *Epipona*
  - Gattung *Metapolybia*
  - Gattung *Parachartergus*
  - Gattung *Polybia*
  - Gattung *Protonectarina*
  - Gattung *Protopolybia*
  - Gattung *Synoeca*
- Tribus Mischocyttarini
  - Gattung *Mischocyttarus*
- Tribus Polistini
  - Gattung *Polistes*
    - Gallische Feldwespe oder Französische Feldwespe *Polistes dominula* (Christ, 1791)
    - Heide-Feldwespe *Polistes nimpha* (Christ, 1791)
    - Berg-Feldwespe *Polistes biglumis* (Linnaeus, 1758)
    - Zierliche Feldwespe *Polistes bischoffi* (Weyrauch, 1937)
    - Berg-Feldwespen-Kuckuckswespe *Polistes atrimandibularis*, Synonym: *Sulcopolistes atrimandibularis* (Zimmermann, 1930)
    - *Polistes fuscatus* (Fabricius, 1793)
- Tribus Ropalidiini

- Gattung *Belonogaster*
- Gattung *Icaria*
- Gattung *Parapolybia*
- Gattung *Polybioides*
- Gattung *Ropalidia*

Belege

[1] Robust long-term social memories in a paper wasp, Michael J. Sheehan, Elizabeth A. Tibbetts, Current Biology, Vol 18, R851-R852, 23 September 2008, zitiert nach Dich kenne ich schon, [[Markus C. Schulte von Drach (http://www.sueddeutsche.de/wissen/433/311355/text/)], sueddeutsche.de, 23. September 2008]

[2] *Gesichtskontrolle im Wespennest* in: FAZ vom 4. Januar 2012, Seite N2

Weblinks

- Informationen und Fotos zu Feldwespen (http://www.vespa-crabro.de/feldwespen.htm)

Hautflügler

Hautflügler

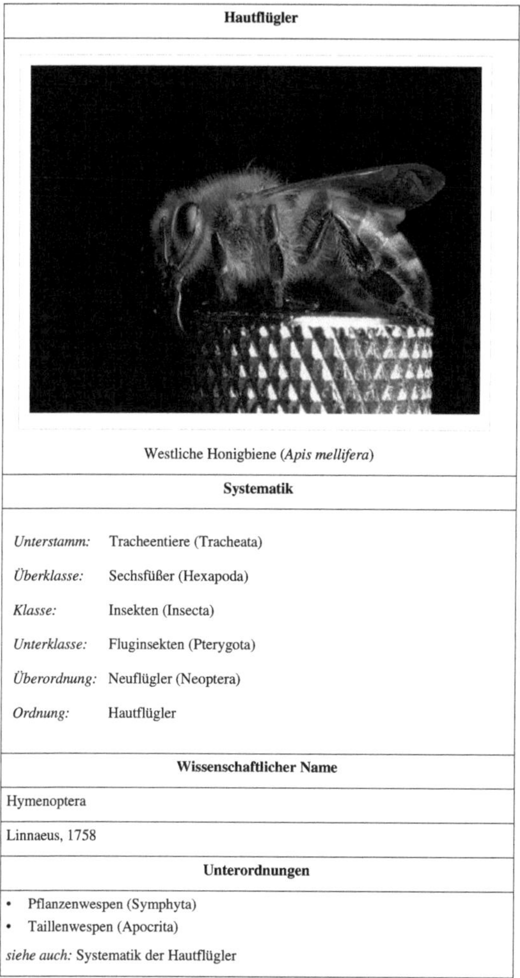

Westliche Honigbiene (*Apis mellifera*)

Systematik	
Unterstamm:	Tracheentiere (Tracheata)
Überklasse:	Sechsfüßer (Hexapoda)
Klasse:	Insekten (Insecta)
Unterklasse:	Fluginsekten (Pterygota)
Überordnung:	Neuflügler (Neoptera)
Ordnung:	Hautflügler

Wissenschaftlicher Name
Hymenoptera
Linnaeus, 1758

Unterordnungen

- Pflanzenwespen (Symphyta)
- Taillenwespen (Apocrita)

siehe auch: Systematik der Hautflügler

Die **Hautflügler** (Hymenoptera) sind nach ihren meist durchscheinenden Flügeln benannt und umfassen verschiedene Arten von Wespen, Ameisen und Bienen sowie die zur Familie der Bienen gehörenden Hummeln. Sie sind mit über 115.000 bekannten Arten, davon rund 11.500 in Europa, eine der großen Ordnungen der Insekten und die artenreichste Ordnung in Mitteleuropa.

Nach der klassischen Einteilung unterscheidet man Pflanzenwespen (*Symphyta*) und Taillenwespen (*Apocrita*).

Bau der Hautflügler

Hautflügler erreichen Körperlängen zwischen 0,25 und 7 cm, die maximale Flügelspannweite erreicht *Pepsis heros* mit etwa 10 cm. Zu den Hautflüglern gehören auch die kleinsten geflügelten Insekten, die eine Spannweite von nur etwa 1 mm erreichen.

Aufgrund der großen Artenzahl existieren innerhalb der Hautflügler nicht nur Spezies mit sehr vielfältigen Lebensweisen, sondern auch einer vielgestaltigen Morphologie. Sie sind in der Regel durch zwei häutige Flügelpaare mit großen Zellen gekennzeichnet, die gleichsinnig bewegt werden; die Flügel können jedoch auch (z. B. bei den Arbeiterinnen der Ameisen) ganz reduziert sein. Im Flug werden die Flügel häufig durch einen *Kopplungsmechanismus* miteinander verbunden. Die meisten Hautflügler besitzen große Facettenaugen und drei Punktaugen. Die Mundwerkzeuge (Kiefer) sind beißend und kauend, können jedoch auch leckend-saugend sein, etwa bei den Bienen. Als einzige Tiere innerhalb der Holometabolen Insekten haben die weiblichen Hautflügler ein Legerohr (Ovipositor), welches bei vielen Arten zu einem Wehrstachel umgestaltet ist.

Lebensweise

Unter den Hautflüglern sind staatenbildende Insekten häufig, aber auch Parasiten. Die Männchen entwickeln sich parthenogenetisch aus nicht befruchteten Eiern, Weibchen schlüpfen hingegen aus befruchteten Eiern.

Die Larven der Pflanzenwespen sind zumeist pflanzenfressende sog. Afterraupen, ähnlich den Raupen der Schmetterlinge.

Die Larven der Taillenwespen hingegen sind beinlos und wurmartig und werden vielfach in Brutpflege versorgt. Zu den *Apocrita* gehören einige hochentwickelte, staatenbildende Familien wie die Ameisen (Formicidae), die Echten Wespen (Vespinae), darunter die Hornissen (*Vespa*), sowie die meisten Bienen (Apiformes), darunter die Hummeln (*Bombus*).

- *siehe auch:* Hymenopterenstaat

Wehrstachel und Stich von Taillenwespen

Bei vielen Taillenwespen ist der Legebohrer in einen Wehrstachel umgewandelt. Man nennt sie dann – im Gegensatz zu den Legimmen (Terebrantia) – auch Stechimmen (Aculeata). Zu ihnen gehören unter anderem Ameisen, Faltenwespen und „echte Bienen" (v.a. Honigbienen und Hummeln).

Die Weibchen der Wehrimmen können stechen, indem sie ihren Stachel in die Haut des Opfers einführen und durch den Stachel Gift aus einer Giftdrüse in das Opfer pumpen. Danach

a) ziehen sie den Stachel wieder heraus (Faltenwespen incl. Hornissen) beziehungsweise

b) lassen ihn in der Haut zurück (Honigbienen), allerdings nur beim Stechen von Warmblütern.

Ameisen mit zurückgebildetem Wehrstachel (z. B. Schuppenameisen - Unterfamilie Formicinae) können sich auch wehren beziehungsweise angreifen, indem sie ihr Gift

c) aus gewisser Distanz spritzen (oft auch in die Augen der Beutetiere),

d) oder erst mit den Kiefern beißen und dann in die Wunde hineinspritzen.

Hautflügler stechen Menschen nur in Not – vor allem zur Verteidigung ihres Nestes und wenn sie um ihr Leben fürchten. Die Gefahr durch Stiche wird (von Leuten ohne Allergie) meist überschätzt:

- Einzelne Stiche sind ungefährlich (außer dem Schmerz und im Hals). Manche meinen sogar, es nütze der Gesundheit – sofern nicht der Kreislauf belastet wird.
- Erst etwa 40 Stiche verursachen Krankheitserscheinungen.
- Tödlich sind mehrere Hundert Stiche.

Zur Vermeidung von Stichen sollte man dem Nest bis auf etwa 4 m fernbleiben beziehungsweise sich dort nur ruhig bewegen und nicht nach fliegenden Wespen oder Bienen schlagen. Bei ersten Stichen ist eine rasche Flucht angebracht, weil der Duft weitere Tiere herbeiruft.

Weiteres in den Artikeln Insektenstich, Bienengift, Hornissengift und Insektengiftallergie

Wirtschaftliche Bedeutung

Als Bestäuber und Produzent von Honig haben die Honigbienen traditionell große wirtschaftliche und kulturelle Bedeutung. Zur Bestäubung werden heute auch Hummeln kommerziell eingesetzt z.B. zur Bestäubung von Tomaten in Treibhäusern. Diverse Arten von Schlupfwespen werden zur biologischen Schädlingsbekämpfung gezüchtet und vertrieben. Die Bedeutung von Ameisen, Wespen und Schlupfwespen im ökologischen Gleichgewicht ist immens, lässt sich jedoch kaum beziffern.

Systematik der Hautflügler

Die Hautflügler werden in folgende Gruppen eingeteilt:

- Unterordnung Pflanzenwespen (Symphyta); stellt keine natürliche Gruppe (Monophylum) dar, sondern eine Zusammenfassung mehrerer Entwicklungslinien
- Unterordnung Taillenwespen (Apocrita); Alle Arten zeigen eine charakteristische Einschnürung des Hinterleibs
  - Teilordnung Legimmen (Terebrantia)
  - Teilordnung Stechimmen (Aculeata)

Die Darstellung unter Systematik der Hautflügler gibt die wichtigsten Familien wieder, die Ansichten verschiedener Autoren bezüglich der systematischen Einteilung gehen allerdings auseinander, es wird deshalb eine Gliederung aufgeführt, die am ehesten dem Konsens entspricht.

Weblinks

- *Hymenoptera Information System*: Hymenopterenfamilien weltweit [1] (Checklisten, Taxonomie und Nomenklatur, Rote Listen, aktuelle Literatur, Fotogalerie etc)
- Hautflügler allgemein: Bienen, Hummeln, Wespen [2]
- Hautflügler - Charakteristika, Larven und Stachel [1]
- Die Wildbienen und Wespen Schleswig-Holsteins – Rote Liste 2001 mit Erläuterungen, (pdf 1,35 Mb) [2]
- Nachrichten zum Thema Hautflügler [3]
- Hymenoperen Afrikas und Madagaskars [4] (in Englisch)

References

[1] http://www.insektenbox.de/fibel/hol/hautfl.htm
[2] http://www.umweltdaten.landsh.de/nuis/upool/gesamt/fliegen/stechimmen_72dpi.pdf
[3] http://www.nabu.de/m05/m05_08/
[4] http://www.waspweb.org/Afrotropical_wasps/index.htm

Familie_(Biologie)

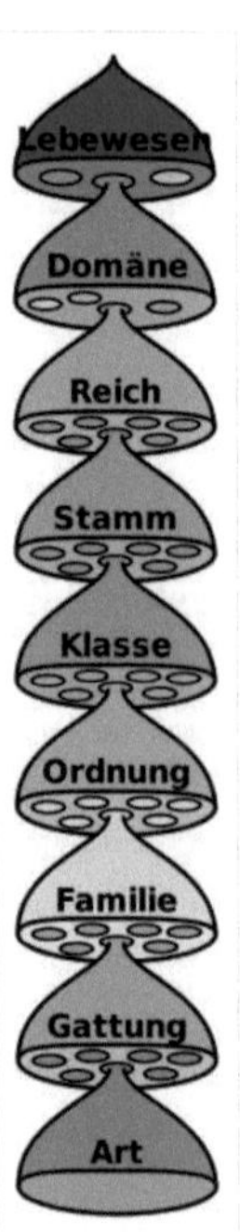

Stellung der Familie innerhalb der biologischen Klassifikation

Die **Familie** (lat. *familia*) ist eine hierarchische Ebene der biologischen Systematik.

Sie steht in der Botanik zwischen den Hauptrangstufen Ordnung und Gattung. Direkt über der Familie kann die **Überfamilie** (lateinisch: **Superfamilia**) stehen, unter ihr die *Unterfamilie* (lateinisch: **Subfamilia**)[1] . In der Zoologie kommt zur speziellen Familien-Rangstufe noch die aus weiteren Rangstufen bestehende Familien-Gruppe[2] .

In der Botanik endet die Familienbezeichnung im Grundsatz auf *-aceae* (zum Beispiel Korbblütler: *Asteraceae*, Liliengewächse *Liliaceae*) und leiten sich vom Gattungsnamen einer festgelegten Typusart ab (z. B. *Aster*, *Lilium*). Historisch waren jedoch auch Benennungen nach morphologischen Besonderheiten üblich. Artikel 18.5 des ICBN legt fest, dass acht abweichende Familiennamen als gültig publiziert anzusehen sind. Palmae/Arecaceae, Gramineae/Poaceae, Cruciferae/Brassicaceae, Leguminosae/Fabaceae, Guttiferae/Clusiaceae, Umbelliferae/Apiaceae, Labiatae/Lamiaceae und Compositae/Asteraceae. In allen anderen Fällen gilt ausschließlich der vom Typus abgeleitete und auf *-aceae* endende Name als gültig[3] .

Der Begriff geht auf Pierre Magnol zurück, der ihn 1689 in die Botanik einführte. Bei Linné und Antoine-Laurent de Jussieu kommt er nicht vor, den entsprechenden Rang nehmen dort die *„Ordines naturales"* (=„Natürliche Ordnungen") ein, erst später setzte sich die Familie durch[4] .

Literatur

[1] Internationaler Code der Botanischen Nomenklatur

[2] Internationaler Code der Zoologischen Nomenklatur

[3] Ann McNeil & R. K. Brummitt (2003). The usage of the alternative names of eight flowering plant families. Taxon, 52 (4): 853-856.

[4] Gerhard Wagenitz: *Wörterbuch der Botanik*, 2. Auflage, 2003/2008, ISBN 3-937872-94-9, S. 110

Clypeus

Der **Clypeus**, auch **Stirnplatte** genannt, ist Teil des Kopfschildes bei Insekten und liegt mittig direkt über dem Labrum. Oft ist die Stirnplatte durch Furchen deutlich von den anderen Teilen des Kopfschildes abgesetzt.

Der Kopfschild von *Coprimorphus scrutator*

In vielen Insektengruppen gibt es artspezifisch unterschiedliche Ausbildungen der Stirnplatte, etwa in Bezug auf Färbung und Zeichnung, Behaarung, Punktierung, Mikrostruktur, Wölbung oder Sonderbildungen wie vorstehenden Zähnen oder Leisten. Bei Faltenwespen beispielsweise dient die unterschiedliche Zeichnung der Stirnplatte (in Form von Punkten, Anker etc.) neben anderen Merkmalen zur Bestimmung der verschiedenen Arten.

Auch bei den Spinnen wird der meist schmale Abschnitt zwischen dem vorderen Augenpaar und dem Rand des Carapax als Clypeus bezeichnet.

In der **Kunst** gibt es die Bezeichnung Clipeus für ein schildartiges Rundbild wie für den Tondo oder gar ein Bild auf einem runden Schild, wo beispielsweise ein Porträt dargestellt ist. Bekannt ist das schon seit der Antike.

Zierliche_Feldwespe

Zierliche Feldwespe	
 Zierliche Feldwespe (*Polistes bischoffi*)	
Systematik	
Ordnung:	Hautflügler (Hymenoptera)
Überfamilie:	Vespoidea
Familie:	Faltenwespen (Vespidae)
Unterfamilie:	Feldwespen (Polistinae)
Gattung:	*Polistes*
Art:	Zierliche Feldwespe
Wissenschaftlicher Name	
Polistes bischoffi	
(Weyrauch, 1937)	

Die **Zierliche Feldwespe** (*Polistes bischoffi*) ist ein Hautflügler aus der Familie der Faltenwespen (Vespidae).

Merkmale

Die Tiere erreichen eine Körperlänge von bis zu 14 Millimetern (Königin), 13 Millimetern (Arbeiterin) bzw. 12 Millimetern (Männchen). Wie auch die übrigen Feldwespen sind sie schwarz-gelb gezeichnet. Die Art ist den Weibchen der Berg-Feldwespe (*Polistes biglumis*) sehr ähnlich.

Vorkommen

Die Art ist in Südeuropa, nördlich bis in den Süden Deutschlands verbreitet. Sie besiedelt Feuchtgebiete wie Schilfbestände, aber auch trockenere Lebensräume. Die Tiere kommen von April bis September vor.

Lebensweise

Das Nest wird nahe am Boden an Pflanzenstängeln gebaut. Die Waben erreichen einen Durchmesser von maximal 5 Zentimetern, in einem Nest leben nur etwa 30 Arbeiterinnen. Die Zierliche Feldwespe ist aggressiv und kann den Menschen schmerzhaft stechen, wobei der Schmerz nicht lange anhält.

Quellen

Literatur

- Rolf Witt: *Wespen. Beobachten, Bestimmen.* Naturbuch-Verlag, Augsburg 1998, ISBN 3-89440-243-1.

Kuckuckswespe

Kuckuckswespen werden jene parasitoidisch lebenden Stechimmen genannt, die auf Grund von Konkurrenzen innerhalb einer Art ein abgeleitetes Verhalten entwickelt haben, das zu einer strengen Bindung an einen speziellen Wirt führte, der mit seinem Parasitoiden nahe verwandt ist. Dies unterscheidet Kuckuckswespen von den übrigen parasitoiden Hautflüglern, wie etwa den Goldwespen (Chrysididae), die nicht näher verwandte Wirtstiere, wie etwa Larven von Schmetterlingen und Käfern, aber auch nicht näher verwandte Hautflügler parasitieren.

So parasitiert etwa die Waldkuckuckswespe (*Dolichovespula omissa*) die in der gleichen Gattung eingeordnete Waldwespe (*Dolichovespula sylvestris*) oder die Österreichische Kuckuckswespe (*Vespula austriaca*) die ebenso nahe verwandte Rote Wespe (*Vespula rufa*).

Es wird vermutet, dass die Vorstufe zu diesem Verhalten der Diebstahl von erbeuteter Larvennahrung bei Artgenossen oder nahe verwandten Arten ist, wie es etwa bei Grabwespen der Gattung *Pemphredon* und *Psenulus* zu beobachten ist.

Belege

- Kenneth G. Ross, Robert W. Matthews: *The Social Biology of Wasps.* Cornell University Press 1991, ISBN 0801499062, S. 315 (eingeschränkte Online-Version (Goggle Books) [1])
- Rolf Witt: *Wespen. Beobachten, Bestimmen.* Naturbuch-Verlag, Augsburg 1998, ISBN 3-89440-243-1.

References

[1] http://books.google.de/books?id=QeGVqmfs_nIC&pg=PA313&dq=Dolichovespula+omissa&as_brr=3&sig=ACfU3U37u6G7qxX3JWZXtGMRr34Q5KxW6A

Berg-Feldwespen-Kuckuckswespe

Berg-Feldwespen-Kuckuckswespe	
Systematik	
Klasse:	Insekten (Insecta)
Ordnung:	Hautflügler (Hymenoptera)
Überfamilie:	Vespoidea
Familie:	Faltenwespen (Vespidae)
Gattung:	*Polistes*
Art:	Berg-Feldwespen-Kuckuckswespe
Wissenschaftlicher Name	
Polistes atrimandibularis	
Zimmermann, 1930	

Die **Berg-Feldwespen-Kuckuckswespe** (*Polistes atrimandibularis*, Syn.: *Sulcopolistes atrimandibularis*) ist ein Hautflügler aus der Familie der Faltenwespen (Vespidae).

Merkmale

Die Wespe erreicht eine Körperlänge von 15 bis 18 Millimetern (Weibchen) bzw. 12 bis 18 Millimetern (Männchen). Das Gesicht ist bei beiden Geschlechtern unterhalb der Fühlerbasis stark schwarz gezeichnet. Der Medianlappen des Clypeus ist seitlich betrachtet basal deutlich zurückgesetzt und verläuft nicht bogenförmig.

Vorkommen

Die Art ist in Südeuropa und dem südlichen Mitteleuropa verbreitet und tritt bis etwa 2800 Meter Seehöhe auf. Besiedelt werden sonnige Lebensräume, in denen ihr Wirt, die Berg-Feldwespe (*Polistes biglumis*) auftritt.

Lebensweise

Die Berg-Feldwespen-Kuckuckswespe lebt sozialparasitisch an den Nestern der Berg-Feldwespe. Befallen werden bevorzugt Nester mittlerer Entwicklung, in denen schon einige Arbeiterinnen geschlüpft sind. Das Parasitenweibchen tritt sehr passiv und träge auf, um nicht durch die Wirtskönigin bzw. ihre Arbeiterinnen getötet zu werden. Nach und nach tritt es in Bezug auf die Wirtskönigin dominant auf, umklammert es mit den Vorderbeinen und betastet es mit den Fühlern. Schließlich klettert es auf die Königin und zeigt seinen Stachel, ohne ihn jedoch einzusetzen. Gleichzeitig werden Pheromone abgegeben, sodass sich die Wirtskönigin unterwirft und entweder das Nest verlässt oder die Funktion einer Arbeiterin übernimmt. Das Parasitenweibchen wird durch seine Dominanz schließlich auch von den Wirtsarbeiterinnen als neue Königin akzeptiert. Sie frisst zunächst die Eier der Wirtskönigin und belegt freie Zellen mit ihren eigenen Eiern. Es kommt vor, dass ein Weibchen mehrere Nester auf diese Weise kontrolliert, wobei aber nur ein Nest zur Aufzucht des eigenen Nachwuchses verwendet wird. Aus den Nebennestern werden lediglich Eier und Larven geraubt, die an die eigene Brut verfüttert werden. Die Deckel der Zellen von parasitierten Nestern sind auffallend weiß gefärbt.

Belege

Literatur

- Rolf Witt: *Wespen. Beobachten, Bestimmen.* Naturbuch-Verlag, Augsburg 1998, ISBN 3-89440-243-1.

Parasitismus

Parasitismus (altgriechisch παρά *para* „neben“, σίτειν *sitein* „mästen, sich ernähren“; auch *Schmarotzertum*) im engeren Sinne bezeichnet den Ressourcenerwerb mittels eines in der Regel erheblich größeren[1] Organismus einer anderen Art, meist dient die Körperflüssigkeit dieses Organismus' als Nahrung. Der auch als Wirt bezeichnete Organismus wird dabei vom Parasiten geschädigt, bleibt aber in der Regel am Leben. In seltenen Fällen kann der Parasitenbefall auch zum Tod des Wirtes führen, dann aber erst zu einem späteren Zeitpunkt.

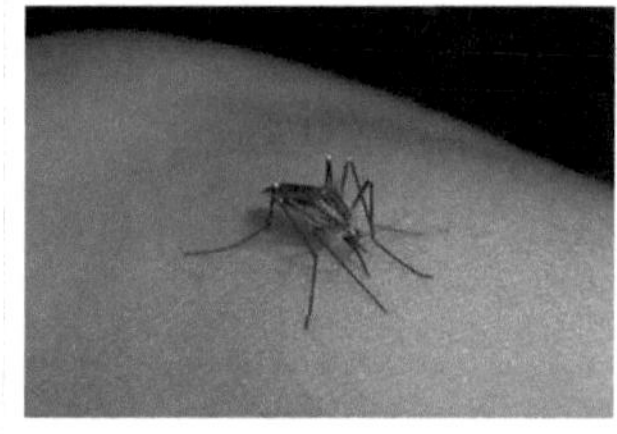

Von Ektoparasit (Stechmücke) befallener Mensch

Im weiteren Sinne kann Parasitismus als eine Steigerung der Fitness des Parasiten verstanden werden, die bisweilen verbunden ist mit einer Verminderung der Fitness des Wirtes.

Herkunft des Wortes

Parasit kommt von altgriechisch παράσιτος, παρά *pará-* für *neben* und σιτος *sitos* für *gemästet* – ursprünglich für Vorkoster bei Opferfesten, die dadurch ohne Leistung zu einer Speisung kamen.

Das deutsche Wort *Schmarotzer* für einen Parasiten stammt vom mittelhochdeutschen *smorotzer* ab, das soviel wie *Bettler* heißt.

Beschreibung

Parasiten sind in hohem Maße spezialisierte Lebewesen. Ihr Habitat ist in der Regel auf einige wenige Wirtsarten beschränkt, nicht selten findet sich nur eine einzige Wirtsart. Parasitismus zeigt sich in sehr vielfältigen Formen. Es gibt Zweifelsfälle, in denen Parasitismus und anderen Interaktionen zwischen Arten schwer zu unterscheiden sind. Parasitismus ist beileibe kein seltenes Phänomen, denn die überwiegende Zahl aller Lebewesen parasitiert. Unter dem Vorbehalt, dass sich keine genauen Zahlen festlegen lassen, wird ein Verhältnis von bis zu 4:1 angenommen [2]

Im Allgemeinen ist ein Parasit stark von seinem Wirt abhängig. Das Parasitieren kann sich auf verschiedene Wirtsfaktoren beziehen wie beispielsweise Körpersubstanz, Nahrungsangebot, Sauerstoffbedarf, Osmotik, pH-Verhältnisse oder Wärmehaushalt.

Je nach Ausmaß des Parasitenbefalls ist die Belastung des Wirtes verschieden groß. Auch wenn Parasitenbefall den Wirt nicht lebensbedrohlich schädigt, wirkt er sich doch stets negativ auf dessen Wachstum, Wohlbefinden, Infektanfälligkeit, Fortpflanzung oder Lebensdauer aus. So können giftige Stoffwechselprodukte des Parasiten, zurückgebliebene innere oder äußere Verletzungen oder der Entzug von Nahrung eine Verkürzung des Lebens zur Folge haben, insbesondere bei weiteren ungünstigen Umweltbedingungen.

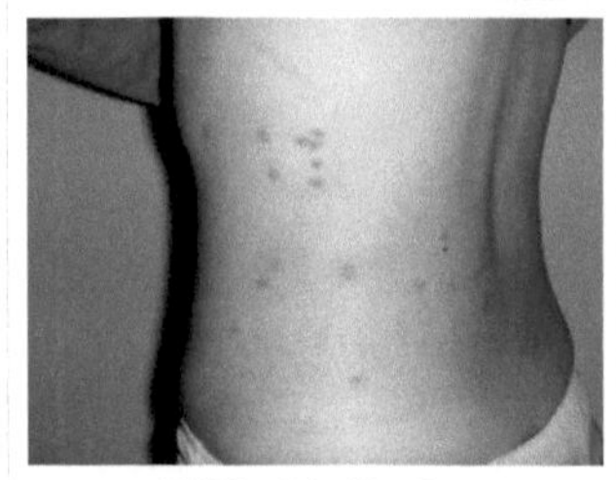
Flohbisse beim Menschen

Parasitismus ist allgegenwärtig, so dass sich praktisch alle Lebewesen damit auseinandersetzen müssen. Nicht selten findet man auf bzw. in einem einzelnen Lebewesen Dutzende verschiedener Parasiten, selbst wenn man die Mikroorganismen unberücksichtigt lässt. Bei Waldmäusen fand man nicht weniger als 47 parasitierende Arten[3] . Selbst in Bakterien gibt es parasitierende Viren.

Wirte verhalten sich allerdings keineswegs passiv gegenüber ihren Parasiten, sondern sind meist imstande, Zahl und Schadeffekt durch geeignete Abwehrmechanismen zu begrenzen. In einer gemeinsamen Entwicklung (Koevolution) passten sich Wirte und ihre Parasiten einander an. Dadurch entwickelte sich in jedem Stadium der Evolution ein Gleichgewicht, bei dem der Parasit profitiert, ohne dem Wirt, der ja seine „Existenzgrundlage" darstellt, mehr als nötig zu schaden oder ihn gar völlig zu vernichten.

Viele Parasiten schmarotzen während ihrer Entwicklung in verschiedenen Wirten. Man unterscheidet Zwischenwirte und den Endwirt. Sexuelle Fortpflanzung findet meist nur im Endwirt statt.

Organismen, die befallen werden, ohne dass eine Fortsetzung des Entwicklungszyklus' des Parasiten möglich ist, werden als Fehlwirt bezeichnet. Häufig ist der Parasit schlecht an seinen Fehlwirt adaptiert, so dass der Fehlwirt durch den Parasiten stärker geschädigt wird als der Wirt.

Möglicherweise ist die geschlechtliche Fortpflanzung aufgrund des Selektionsdrucks von Parasiten entstanden.

Anpassung von Parasiten

Wie alle anderen Lebewesen wurden auch Parasiten im Verlauf der Evolution in vielfältiger Weise durch Mutation, Rekombination und Selektion an ihre Umgebung, hierbei natürlich insbesondere an ihre jeweiligen Wirtsorganismen, angepasst:

Mistelbefall einer Silberbirke.

- *Haft- und Klammerorgane* benutzen z. B. Läuse (Klammerbeine), welche verhindern, dass der Parasit seinen Wirt verliert, was in der Regel seinen Tod zur Folge hätte.
- *Rückbildungen* von Organen, die für parasitische Lebensweise nicht notwendig sind. So fehlen Flöhen und Läusen z. B. Flügel und die Weißbeerige Mistel hat keine Wurzeln.
- *Große Eizahlen* und *komplizierte Entwicklungs- und Übertragungswege* sichern die Fortpflanzung und das Auffinden eines Wirts. Beispielsweise werden mit jedem Bandwurmglied, welches durch Kot nach außen gelangt, zehntausende Eier freigesetzt. Diese können *Zwischenwirte* infizieren und in deren Leber ungeschlechtliche Vermehrungsstadien bilden (*Finnen*). Wird der finnenhaltige Zwischenwirt gefressen, ist eine Neuinfektion sehr wahrscheinlich.

- Bei vielen Parasiten (besonders Endoparasiten) findet eine intensive Interaktion auf molekularer Ebene statt. Diese bezeichnet man als „cross-talk", wobei Signale vom Parasiten, vom Wirt oder von beiden ausgehen können. Hierdurch kann eine Fremdsteuerung des Wirtes zum Nutzen des Parasiten erfolgen bis hin zu einer tief greifenden Verhaltensmodifikation des Wirtes (Bsp: Fliegentöter).
  Eine Fremdsteuerung des Wirtes durch den Parasiten findet man bisweilen auch bei Lebewesen, die im Laufe ihrer Entwicklung in einem anderen Wirt schmarotzen als das adulte Tier (Zwischenwirt). Hierbei kommt es zu ungewöhnlichem Verhalten, welches zum Fressen des Zwischenwirtes (oder Teile von ihm) durch den Endwirt führt. Damit gelangt der Parasit in den Endwirt, in dem seine sexuelle Vermehrung stattfinden kann (Bsp: *Leucochloridium paradoxum*; Kleiner Leberegel).

Klassifizierung von Parasiten

Aufgrund der sehr unterschiedlichen Anpassung, Größe und Lebensweise verschiedener Parasiten und der unterschiedlichen Interaktionsformen zwischen Parasit und Wirt werden Parasiten nach einer Vielzahl verschiedener Kriterien eingeteilt:

Mikro- und Makroparasiten

Unterscheidet man Parasiten hinsichtlich ihrer Größe, ergeben sich die folgenden beiden Unterscheidungskriterien:

Varroamilbe auf einer Honigbiene

Mikroparasiten

Mikroparasiten sind klein, manchmal extrem klein (und meist so zahlreich, dass man die Zahl von Parasiten im Wirt nicht angeben kann). Normalerweise ist es daher einfacher, die Zahl der befallenen Wirte zu untersuchen als die Anzahl der Parasiten. Mikroparasiten sind meist Viren oder Bakterien, die Tiere und Pflanzen als Krankheitserreger infizieren. Eine weitere Gruppe Mikroparasiten findet man unter den Protozoen, bei manchen Pflanzen gibt es mikroparasitisch lebende niedere Pilze.

Makroparasiten

Makroparasiten sind in der Regel so groß, dass man ihre Anzahl genau bestimmen oder wenigstens in ihrer Größenordnung schätzen kann. Bei Tieren findet man sie eher auf dem Körper oder in Körperhohlräumen (z. B. im Darm) als intrazellulär. Die Hauptmakroparasiten von Tieren sind Würmer (Band- und Saugwürmer sowie Nematoden), aber auch Läuse, Zecken, Milben und Flöhe, außerdem auch einige Pilze. Makroparasiten der Pflanzen leben allgemein zwischen den Zellen (interzellulär) und gehören zu den höheren Pilzen (z. B. Mehltau), zu den Insekten (z. B. Gallwespe) oder anderen Pflanzen (z. B. Teufelszwirn oder Sommerwurz).

Ekto- und Endoparasiten

Unterscheidet man die Parasiten hinsichtlich ihrer Eigenschaft, in den Körper des Wirtes einzudringen, ergeben sich die folgenden zwei Klassen:

Ektoparasiten oder **Außenparasiten** leben auf anderen Organismen. Sie dringen nur mit den der Versorgung dienenden Organen in ihren Wirtsorganismus ein und ernähren sich von Hautsubstanzen oder nehmen Blut oder Gewebsflüssigkeit auf. Beispiele für Ektoparasiten sind blutsaugende Arthropoden wie etwa Stechmücken, Läuse oder Zecken. Ektoparasiten sind häufig auch Krankheitsüberträger von Erkrankungen wie Malaria oder Lyme-Borreliose.

Von Milbenlarven parasitierter Weberknecht

Endoparasiten (auch **Ento-** oder **Innenparasiten**) leben im Inneren ihres Wirtes. Sie besiedeln Hohlräume, Epithelien, das Blut oder auch das Gewebe verschiedener Organe. Die von ihnen ausgelösten Krankheiten nennt man *Endoparasitosen*. Des Weiteren kann man die Endoparasiten nach ihren Eigenschaften beim Befall von Zellen in zwei Gruppen einteilen. Extrazelluläre Endoparasiten leben außerhalb von Zellen, (z. B. Giardia auf Darmepithel), Intrazelluläre Endoparasiten leben dagegen vorwiegend innerhalb von Wirtszellen (z. B. Malariaerreger). Viele Endoparasiten halten sich während ihres Lebenszyklus sowohl extra- als auch intrazellulär auf.

Fakultativer und obligater Parasitismus

Parasiten lassen sich anhand der Notwendigkeit eines Wirtes unterscheiden. **Fakultative Parasiten** (oder auch **Gelegenheitsparasiten**) sind freilebende Lebewesen, die nur gelegentlich parasitieren. Ihre Entwicklung kann auch ohne parasitische Phase ablaufen.

Obligate Parasiten sind für ihre Entwicklung zwingend auf einen Wirt angewiesen.

Temporäre und stationäre Parasiten

Auf Grund der Dauer der parasitischen Lebensphase unterscheidet man *temporäre* und *stationäre* Parasiten.

Stationäre Parasiten bleiben einem Wirt treu. Ein Wirtswechsel findet nur bei engem Kontakt mit einem anderen möglichen Wirtstier oder beim Tod des ursprünglichen Wirtes statt (Bsp.: Filzlaus mit hoher Bindung an den Wirt, Floh mit bedingter Bindung).

Die stationären Parasiten kann man in zwei Gruppen gliedern:

- Periodische Parasiten leben nur in bestimmten Entwicklungsstadien parasitisch (Bsp: Hakenwurm).
- Permanente Parasiten haben kein freies (nichtparasitisches) Lebensstadium (Bsp.: *Trichinella spiralis*).

Temporäre Parasiten besuchen einen Wirt nur für begrenzte Zeit. Sie suchen ihn z. B. nur kurzfristig zur Nahrungsaufnahme auf (Bsp.: Stechmücke).

Wirtsspezifität und Wirtswechsel

Wenn Parasiten auf eine einzige Wirtsart spezialisiert sind, nennt man sie *monoxen* (oder *autoxen*), sind es einige wenige Wirtsarten, nennt man sie *oligoxen*, und Parasiten mit vielen Wirtsarten heißen *polyxen* (oder *pleioxen*).[4] Benötigen Parasiten für ihre Entwicklung nur einen Wirt, so dass kein Wirtswechsel stattfindet, bezeichnet man sie als *homoxen* (oder *monoxen*). Das Gegenteil sind *heteroxene* (oder *heterözische*) Parasiten, die während ihrer Entwicklung einen Wirtswechsel vollziehen. Der Begriff *heterözisch* wird in einem allgemeineren Sinn auch für Parasiten verwendet, die nicht wirtsspezifisch sind.[4]

Kleptoparasitismus

Als **Kleptoparasitismus** (von altgriechisch κλέπτειν *kléptein* „stehlen“) wird das Ausnutzen von Leistungen anderer Lebewesen bezeichnet, beispielsweise das Stehlen von Nahrung oder das Ausnutzen von Nistgelegenheiten. Insbesondere etliche Vogelarten sind dafür bekannt, dass sie sich zumindest gelegentlich kleptoparasitisch ernähren.

Brutparasitismus

Brutparasiten oder **Brutschmarotzer** sind Organismen, welche ihren eigenen Nachwuchs durch andere brutpflegende Tierarten aufziehen lassen. Letztlich handelt es sich um eine besondere Form des Kleptoparasitismus. Brutparasitimus findet sich bei Vögeln, Fischen und Insekten. Meist werden die Wirtseltern einer anderen Art zur Aufzucht der Jungen des Brutparasiten genutzt, es gibt aber auch Fälle, bei denen die Wirtseltern zur eigenen Art gehören (intraspezifischer Brutparasitismus).

Brutparasitismus beim Kuhstärling (Molothrus)

Der Brutparasitismus bewahrt die parasitierenden Eltern vor vielerlei Investition, vom Nestbau über die Fütterung der Jungtiere bis zur Möglichkeit weiterer Verpaarungen während der Aufzuchtphase. Schließlich sinkt auch das Risiko eines vollständigen Gelegeverlusts durch Nesträuber, wenn die eigenen Eier auf zahlreiche Gelege verteilt werden.[5] Da Brutparasiten die Fitness der Wirtseltern nachhaltig absenken, ist häufig ein intensives evolutionäres Wettrüsten zwischen Parasit und Wirt zu beobachten.[6]

Parasitierende Pflanzen

Als **Phytoparasiten** bezeichnet man parasitische Pflanzen, welche einige lebensnotwendige Ressourcen mittels einer Wirtspflanze erwerben. Bei parasitischen Pflanzen werden zwei Gruppen unterschieden, die parasitischen Blütenpflanzen und die myko-heterotrophen Pflanzen. Die *parasitischen Blütenpflanzen* schmarotzen direkt mit Hilfe besonderer Organe (Haustorien) auf anderen Blütenpflanzen.

Sommerwurz

Es gibt chlorophyllfreie (vollmykotrophe) Arten wie den Fichtenspargel, aber auch Arten wie das Weißes Waldvöglein, die noch Blattgrün besitzen und nur partiell myko-heterotroph oder mixotroph sind.

Parasitismus bei Bakterien

Auch Bakterien können von Parasiten befallen werden: **Bakteriophagen** sind auf Bakterien spezialisierte Viren. Bestimmte Bakterien (Pseudomonas-Arten, Enterobakterien) können sogar von einer anderen Bakterienart angegriffen und getötet werden; siehe Bdellovibrio.

Parasitismus in der Ökologie

Die ökologische Funktion von Parasiten (inkl. Parasitoiden) in unseren Ökosystemen ist immens und wird häufig zu wenig beachtet.[7] Ihr Wert zeigt sich oft aber relativ deutlich bei eingeschleppten Arten (Neobiota, die manchmal auch als Invasive Arten bezeichnet werden)[8] . In prekären Fällen fehlen nämlich die natürlichen Gegenspieler im neuen Habitat (wobei Parasiten ein nicht zu unterschätzender Anteil zukommt) und deshalb verzeichnen die Neobiota einen Vorteil in ihrer Fitness gegenüber einheimischen Spezies, vermehren sich übermäßig und stören Ökosysteme. Beispiele dafür sind z. B. die Kastanienminiermotte (in Mitteleuropa) oder die sog. Killeralge *Caulerpa taxifolia* und dutzende weiterer Neobiota. Obwohl also dem Menschen Parasiten verständlicherweise als negativ und pathogenetisch erscheinen, haben sie eine wichtige ausgleichende Funktion in unserer belebten Natur. Treten Parasiten übermäßig stark in Erscheinung, ist dem häufig eine menschgemachte Störung des Ökosystems vorausgegangen (z. B. durch intensive Landwirtschaft, Raubbau, anthropogene Abwässer, etc.).

Parasiten des Menschen

Parasitäre Infektionen beim Menschen sind Infektionen durch Protozoen bzw. Protista und Wurminfektionen, wobei es sich bei Letzteren i. d. R. um eine Infestation handelt, also um einen Befall ohne Vermehrung. Infektionen führen schon bei Erstbefall zum Vollbild der Parasitose, Infestationen nur nach Akkumulation vieler Individuen aufgrund starker bzw. langer Exposition. Einige Parasiten übertragen Krankheitserreger auf den Menschen, die zum Teil tödliche Krankheiten (Parasitosen) verursachen. Eine Auflistung ist unter Parasiten des Menschen zu finden. Auch auf viele Bakterien und Pilze trifft die Definition Parasit zu; sie werden aber aufgrund ihrer medizinischen Bedeutung und auch ihres teilweise nur fakultativen Parasitismus in den Fachgebieten Bakteriologie und Mykologie innerhalb der Mikrobiologie behandelt.

Viren, Transposons und Prionen

- Als Zellparasiten stellen Viren eine besondere Form der parasitischen Anpassung dar. Ohne eigenen Stoffwechsel parasitieren sie mittels eines minimalen Genoms, das nur aus einem Typ Nukleinsäure (entweder DNA oder RNA) besteht. Dieses lediglich der Fortpflanzung dienende Genom zwingt der Wirtszelle Funktionen auf, die zu einer nichtselbständigen Replikation des Virus führen. Der sich hieraus ergebende Zelltod kann zu erheblichen Schädigungen des Wirtes führen. Handelt es sich bei dem befallenen Wirt um ein Bakterium, bezeichnet man das Virus auch als Bakteriophage.
- Transposons, Retrotransposons, Viroide, funktionslose DNA im Genom, und auch die ausschließlich Protein-basierten Prionen besitzen ebenfalls parasitäre Eigenschaften, ohne dass sie als Lebewesen klassifiziert werden.

Fossile Belege

Beispiele für Parasitismus sind auch aus der Paläontologie bekannt. So sind im Baltischen Bernstein Inklusen überliefert, die Schmarotzertum belegen (z. B.: Milbenlarven an einer Langbeinfliege, einer Stelzmücke oder einer Rindenlaus; Fadenwurm an einer Zuckmücke).

Sonstige Begriffe

- Die Wissenschaft, die sich mit Parasiten befasst, wird *Parasitologie* genannt und ist sowohl Teilbereich der Ökologie als auch der Medizin (Infektiologie).
- Die Reihenfolge verschiedener, sich ablösender Parasiten, welche die einzelnen Entwicklungsstadien ihres Wirts befallen nennt man eine *Parasitenfolge*.

- Bei Insekten, bei denen ein Parasitismus in unterschiedlichen Entwicklungsstadien auftreten kann, unterscheidet man *Ei-, Larven-, Puppen- und Imaginalparasiten*, bei anderen Lebewesen spricht man von *Jugend- und Altersparasiten.*
- Eine durch Parasiten verursachte Krankheit oder Schwächung nennt man *Parasitose.*
- *Zoonosen* sind von Tier zu Mensch und von Mensch zu Tier übertragbare Infektionskrankheiten. (Bsp.: Tollwut).
- Eine *Anthroponose* ist eine allein auf den Menschen beschränkte Parasitose.
- Als *Parasitozönose* bezeichnet man die Gesamtheit der in einem Organ oder in einem Wirt lebenden parasitischen Organismen.
- Parasiten, deren Parasitismus gewöhnlich zum Tode führt nennt man *Parasitoide* oder *Raubparasiten* (Bsp.: Schlupfwespen).
- Befällt ein Parasit einen anderen Parasiten, so spricht man von *Hyperparasitismus.*
- *Superparasitismus* bezeichnet eine Belegung des Wirtsorganismus durch mehr parasitische Individuen einer Art, als normalerweise üblich, z. B. durch zufällige gleichzeitige Mehrfachbelegung.
- Von *Opportunismus* spricht man, wenn eigentlich harmlose Parasiten unter bestimmten Umständen (z. B. bei geschwächtem Wirtsimmunsystem) zur ernsten Erkrankung oder gar zum Tode des Wirtes führen.

Siehe auch

Autöcie, Biotische Umweltfaktoren, Interspezifische Wechselbeziehungen, Kleptoparasitismus, Kommensalismus, Meeresparasiten des Menschen, Probiose, Präpatenz, Symbiose, Mutualismus, Phoresie, Raubparasitismus, Sozialparasitismus.

Literatur

- Jörg Blech: *Leben auf dem Menschen. Die Geschichte unserer Besiedler.* Überarbeitete und erweiterte Neuausgabe. Rowohlt, Reinbek 2010, ISBN 978-3-499-62494-0 (*Rororo – Sachbuch* 62494).
- Johannes Dönges: *Parasitologie. Mit besonderer Berücksichtigung humanpathogener Formen.* 2. Auflage. Thieme, Stuttgart 1988, ISBN 3-13-579902-6.
- Michael Begon, Colin R. Townsend, John L. Harper: *Ökologie.* Springer, Berlin 2003, ISBN 3-540-00674-5.
- Paul Schmid-Hempel: *Parasites in Social Insects.* Princeton University Press, Princeton NJ 1998, ISBN 0-691-05923-3.
- Wolfgang Weitschat: *Jäger, Gejagte, Parasiten und Blinde Passagiere. Momentaufnahmen aus dem Bernsteinwald.* In: Björn Berning, Sigitas Podenas (Hrsg.): *Amber. Archive of Deep Time.* Land Oberösterreich – Oberösterreichische Landesmuseen, Linz 2009, ISBN 978-3-85474-204-3, S. 243–256 (*Denisia* 26 = *Kataloge der Oberösterreichischen Landesmuseen* NS 86), (Ausstellungskatalog, Linz, Biologiezentrum der Oberösterreichischen Landesmuseen, 3. April 2009 – 18. Oktober 2009).
- Peter Wenk, Alfons Renz: *Parasitologie - Biologie der Humanparasiten.* Thieme, Stuttgart 2003, ISBN 3-13-135461-5.
- Carl Zimmer: *Parasitus Rex.* Umschau/Braus, Frankfurt am Main 2001, ISBN 3-8295-7502-5.

Einzelnachweise

[1] Mehlhorn,Piekarski: "Grundriß der Parasitenkunde", Seite V.
[2] Carl Zimmer: Parasitus Rex. Umschau/Braus, S. 19
[3] Michael Begon, Colin R. Townsend & John L. Harper: Ökologie, S. 227
[4] Matthias Schaefer: *Wörterbuch der Ökologie*. 4. Auflage, Spektrum Adademischer Verlag, Heidelberg, 2003. ISBN 3-8274-0167-4
[5] David Attenborough [First published 1998]: *The Life of Birds*. New Jersey: Princeton University Press 1998, ISBN 069101633X
[6] Payne, R. B. 1997. Avian brood parasitism. In D. H. Clayton and J. Moore (eds.), Host-parasite evolution: General principles and avian models, 338–369. Oxford University Press, Oxford.
[7] Townsend, Harper, Begon: *Ökologie*. Springer, 2002, S. 275ff, 315ff, ISBN 3-540-00674-5
[8] Ingo Kowarik: *Biologische Invasionen – Neophyten und Neozoen in Mitteleuropa*. Ulmer, Stuttgart 2003, ISBN 3-8001-3924-3

Weblinks

- „Es gibt kein System ohne Parasiten!" (http://www.heise.de/tp/r4/artikel/19/19841/1.html) – Telepolis, 2005
- Begriffsklärungen (http://www.parasitismus.de/pagelist.html)
- Ausführliche Informationen (http://www.infektionsbiologie.ch/parasitologie/index.html)

Carl_von_Linné

Carl von Linné anhören (vor der Erhebung in den Adelsstand **Carl Nilsson Linnæus**; * 23. Mai 1707 in Råshult bei Älmhult; † 10. Januar 1778 in Uppsala) war ein schwedischer Naturforscher, der mit der binominalen Nomenklatur die Grundlagen der modernen botanischen und zoologischen Taxonomie schuf. Sein offizielles botanisches Autorenkürzel lautet „L.". In der Zoologie werden „Linnaeus", „Linné" und „Linnæus" als Autorennamen verwendet.

Linnés Bildnis wenige Jahre vor seinem Tod. Gemalt von Alexander Roslin (1775).

Linné setzte sich als Student in seinem Manuskript *Praeludia Sponsaliorum Plantarum* mit der noch neuen Idee von der Sexualität der Pflanzen auseinander und legte mit diesen Überlegungen den Grundstein für sein späteres Wirken. Während seines Aufenthaltes in Holland entwickelte er in Schriften wie *Systema Naturae*, *Fundamenta Botanica*, *Critica Botanica* und *Genera Plantarum* die theoretischen Grundlagen seines Schaffens. Während seiner Tätigkeit für George Clifford in Hartekamp konnte Linné zum ersten Mal viele seltene Pflanzen direkt studieren, und schuf mit *Hortus Cliffortianus* das erste nach seinen Prinzipien geordnete Pflanzenverzeichnis. Nach der Rückkehr aus dem Ausland arbeitete Linné für kurze Zeit als Arzt in Stockholm. Er gehörte hier zu den Gründern der Schwedischen Akademie der Wissenschaften und war deren erster Präsident. Mehrere Expeditionen führten ihn durch die Provinzen seiner schwedischen Heimat und trugen zu seiner Anerkennung bei.

Ende 1741 wurde Linné Professor an der Universität Uppsala und neun Jahre später deren Rektor. In Uppsala führte er seine enzyklopädischen Anstrengungen, alle bekannten Mineralien, Pflanzen und Tiere zu beschreiben und zu ordnen, weiter. Seine beiden Werke *Species Plantarum* (1753) und *Systema Naturæ* (in der zehnten Auflage von 1758) begründeten die bis heute verwendete historische wissenschaftliche Nomenklatur in der Botanik und der Zoologie.

Leben

Linnés Wappen symbolisiert die drei Naturreiche Mineralien, Pflanzen und Tiere und wurde von ihm selbst entworfen. Im blauen Oval in der Mitte ist ein Ei dargestellt. Der Helm darüber ist mit *Linnaea borealis*, der nach ihm benannten Pflanze, geschmückt.

Kindheit und Schule

Carl Linnæus wurde am 23. Mai 1707[1] in der ersten Stunde nach Mitternacht im kleinen Ort Råshult im Kirchspiel Stenbrohult in der südschwedischen Provinz Småland geboren. Er war das älteste von fünf Kindern des Geistlichen Nils Ingemarsson Linnæus und dessen Frau Christina Brodersonia.

Die Umgebung um Linnés Geburtshaus in Råshult wurde wieder so hergestellt, wie er sie in seiner Kindheit erlebte.

Sein Vater interessierte sich sehr für Pflanzen und kultivierte in seinem Garten einige ungewöhnliche Pflanzen aus Deutschland. Diese Faszination übertrug sich auf seinen Sohn, der jede Gelegenheit nutzte, um Streifzüge in die Umgebung zu unternehmen und sich die Namen der Pflanzen von seinem Vater nennen zu lassen. Seine schulische Ausbildung begann im Alter von sieben Jahren durch einen Privatlehrer, der ihn zwei Jahre lang unterrichtete. 1716 schickten ihn seine Eltern auf die neu errichtete Domschule in Växjö mit dem Ziel, dass er später wie sein Vater und Großvater Pfarrer werden sollte. Der junge Linné litt unter den rigiden Erziehungsmethoden der Schule. Das änderte sich erst, als er 1719 die Bekanntschaft des Studenten Gabriel Höök machte, der ihn privat unterrichtete. 1724 wechselte er an das Gymnasium.

1726 reiste sein Vater nach Växjö, um den Arzt Johan Stensson Rothman in einer medizinischen Angelegenheit zu konsultieren und sich über die Leistungen seines Sohnes zu informieren. Er musste erfahren, dass sein Sohn in den für das Priesteramt notwendigen Fächern Griechisch, Hebräisch, Theologie, Metaphysik und Rhetorik nur mäßige Leistungen erbrachte und ihnen wenig Interesse entgegenbrachte. Hingegen glänzte sein Sohn in Mathematik und den Naturwissenschaften, aber auch in Latein. Rothman, der das Talent Linnés für eine medizinische Laufbahn erkannte, bot dem schockierten Vater an, seinen Sohn unentgeltlich in sein Haus aufzunehmen und ihn in Botanik und Physiologie zu unterrichten. Rothman machte Linné mit dem Klassifizierungssystem der Pflanzen von Joseph Pitton de Tournefort bekannt und wies ihn auf Sébastien Vaillants Schrift zur Sexualität der Pflanzen[2] hin.

Studium

Im August 1727 ging Linné nach Lund, um an der dortigen Universität zu studieren. Am Ende seiner Schulzeit hatte er vom Rektor des Gymnasiums Nils Krok ein nicht sehr schmeichelhaftes Schreiben[3] für seine Bewerbung in Lund erhalten. Sein alter Freund Gabriel Höök, mittlerweile Magister der Philosophie in Lund, riet ihm, das Schreiben nicht zu verwenden. Er stellte dem Rektor der Universität Lund Linné stattdessen als seinen Privatschüler vor und erreichte so die Immatrikulation an der Universität Lund. Höök überzeugte Professor Kilian Stobæus, Linné in sein Haus aufzunehmen. Stobæus besaß neben einer reichhaltigen Naturaliensammlung eine sehr umfangreiche Bibliothek, die Linné jedoch nicht benutzen durfte. Durch den deutschen Studenten David Samuel Koulas, der zeitweise als Sekretär von Stobæus beschäftigt war, erhielt er dennoch Zugriff auf die Bücher, die er bis spät in die Nacht studierte. Im Gegenzug vermittelte er Koulas seine bei Rothman erlernten Kenntnisse in Physiologie. Verwundert über die nächtlichen Aktivitäten seines Zöglings trat Stobæus eines Nachts unvermittelt in das Zimmer Linnés und fand ihn zu seiner Überraschung in das Studium der Werke von Andrea Cesalpino, Caspar Bauhin und Joseph Pitton de Tournefort vertieft. Fortan hatte Linné freien Zugriff auf die Bibliothek.

Während seines Aufenthaltes in Lund unternahm Linné regelmäßig Exkursionen in die Umgebung. So auch an einem warmen Tag Ende Mai 1728, als er mit seinem Kommilitonen Mattias Benzelstierna die Natur in Fågelsång erkundete und von einem kleinen, unscheinbaren Tier, der „Höllenfurie“, gebissen wurde. Die Wunde entzündete sich und konnte nur mit Mühe behandelt werden. Linné entging nur knapp dem Tod. Zur Erholung fuhr Linné im Sommer in seine Heimat. Hier traf er seinen Lehrer Rothman wieder, dem er von seinen Erfahrungen an der Universität Lund berichtete. Durch diesen Bericht gelangte Rothman, der an der Universität Uppsala studiert hatte, zu der Überzeugung, dass Linné sein Medizinstudium besser in Uppsala fortsetzen sollte. Linné folgte diesem Rat und brach am 3. September 1728 nach Uppsala auf.

Die Zustände, die Linné an der dortigen Universität vorfand, waren desolat. Olof Rudbeck der Jüngere hielt einige wenige Vorlesungen über Vögel und Lars Roberg philosophierte über Aristoteles. Es gab keine Vorlesungen über Medizin und Chemie, es wurden keine Obduktionen durchgeführt und im alten Botanischen Garten wuchsen kaum zweihundert Arten.[4] Im März 1729 machte Linné die Bekanntschaft von Peter Artedi, mit dem ihn bis zu dessen frühen Tod eine feste Freundschaft verband. Artedis Hauptinteresse galt der Chemie, aber er war auch Botaniker und Zoologe. Die beiden Freunde versuchten sich gegenseitig mit ihren Forschungen zu übertrumpfen. Sie merkten bald, dass es besser wäre, wenn sie die verschiedenen Gebiete der drei Naturreiche, entsprechend ihrer Interessen unter sich aufteilen würden. Artedi übernahm die Amphibien, Reptilien und Fische, Linné die Vögel und Insekten sowie, mit Ausnahme der Doldenblütler, die gesamte Botanik. Gemeinsam bearbeiteten sie die Säugetiere und das Naturreich der Mineralogie.

Etwa zu dieser Zeit nahm ihn Olof Celsius der Ältere in sein Haus auf. Linné half Celsius bei der Fertigstellung von dessen Werk *Hierobotanicon*. Die finanzielle Situation Linnés besserte sich. Im Juni 1729 erhielt er ein Königliches Stipendium (II. Klasse), das im Dezember 1729 (I. Klasse) noch einmal erhöht wurde. Zum Ende des Jahres 1729 entstand seine erste bedeutende Schrift *Praeludia Sponsaliorum Plantarum*, in der er sich zum ersten Mal mit der Sexualität der Pflanzen auseinandersetzte und die Wegbereiter für sein weiteres Lebenswerk war. Die Schrift wurde schnell bekannt und Olof Rudbeck suchte die persönliche Bekanntschaft Linnés. Zunächst verschaffte er Linné, gegen den Widerstand Robergs, die Stelle des Demonstrators des Botanischen Gartens und stellte ihn als Lehrer seiner jüngsten drei Söhne ein. Mitte Juni zog Linné in Rudbecks Haus.

1730/31 arbeitete Linné an einem Katalog der Pflanzen des Botanischen Gartens von Uppsala (*Hortus Uplandicus*, späterer Titel *Adonis Uplandicus*), von dem mehrere Fassungen entstanden. Die Pflanzen waren anfangs noch nach dem Tournefortschen System für die Klassifizierung der Pflanzen angeordnet, an dessen Gültigkeit Linné jedoch immer mehr Zweifel kamen. In der endgültigen Fassung vom Juli 1731, die er in Stockholm beendete, ordnete er die Pflanzen nach seinem eigenen aus 24 Klassen bestehenden System. Während dieser Zeit entstanden die ersten Entwürfe zu seinen frühen Werken, die in Amsterdam veröffentlicht wurden. Ende 1731 sah sich Linné veranlasst, Rudbecks Haus zu verlassen, da die Frau des Universitätsbibliothekars Andreas Norrelius (1679–1750), die in dieser

Zeit ebenfalls dort wohnte, Gerüchte über ihn verbreitete, die das gute Verhältnis zu Rudbecks Familie untergruben. Er verbrachte den Jahreswechsel bei seinen Eltern.

Reise durch Lappland

In einem Brief vom 26. Dezember 1731 empfahl sich Linné der Königlichen Gesellschaft der Wissenschaften in Uppsala für eine Expedition in das weitgehend unerforschte Lappland und bat um die notwendige finanzielle Unterstützung. Als er keine Antwort erhielt, unternahm er Ende April 1732 einen weiteren Versuch und senkte den für die Reise notwendigen Geldbetrag um ein Drittel. Dieses Mal wurde ihm der Betrag gewährt und er begann am 23. Mai seine erste große Expedition.

In der eigens für die Lapplandreise erworbenen Kleidung präsentierte Linné sich gern. Ausschnitt eines Porträts von Hendrik Hollander (Kopie von 1853).

Die beschwerliche Reise, während der er alle seine Erlebnisse und Entdeckungen in einem Tagebuch[5] festhielt, dauerte knapp fünf Monate. Am 21. Oktober 1732 traf er wieder in Uppsala ein. Zu den Strapazen der Reise und den Schulden, die Linné zusätzlich auf sich genommen hatte, kam noch die Enttäuschung, dass die Akademie nur wenige Seiten seiner Ergebnisse publizierte.[6] Sein Buch über die lappländische Pflanzenwelt, *Flora Lapponica*, wurde erst 1737 in Amsterdam veröffentlicht.

Von dieser Reise brachte er erstmals Spielregeln und Spielbrett des zur Wikingerzeit weit verbreiteten Spiels Tablut mit.

Falun und die Reise durch Dalarna

Linnés Tagebuch zur lappländischen Reise enthält zahlreiche Zeichnungen. Hier hat er einen Lappländer skizziert, der sein Boot trägt.

Im Frühjahrssemester 1733 hielt Linné private Kurse in Dokimastik und schrieb eine kurze Abhandlung über das für ihn neue Thema. Er katalogisierte seine Vogel- und Insektensammlung und arbeitete an zahlreichen Manuskripten.[7] Von Clas Sohlberg, einem seiner Studenten, erhielt er eine Einladung, den Jahreswechsel 1733/1734 bei dessen Familie in Falun zu verbringen. Clas Vater, Eric Nilsson Sohlberg, war Inspektor der dortigen Minen, und so ergab sich für Linné die Möglichkeit, die Arbeit in den Minen ausgiebig zu studieren. Er kehrte erst im März 1734 nach Uppsala zurück und gab weiter Privatunterricht in Mineralogie, Botanik und Diätetik.

Während des Aufenthaltes in Falun machte Linné die Bekanntschaft von Johan Browall, der die Kinder des Gouverneurs der Provinz Dalarna, Nils Reutersholm, unterrichtete. Reutersholm war beeindruckt von den Berichten über Linnés Lapplandreise und plante, eine solche Erkundungsreise in der von ihm verwalteten Provinz durchzuführen. Es fanden sich genügend Geldgeber für das Unternehmen, und die aus acht Mitgliedern bestehende *Societas Itineraria Reuterholmiana* (Reuterholm-Reise-Gesellschaft), der Linné als Präsident vorstand, wurde gegründet. Die Reise durch die Provinz Dalarna begann am 3. Juli 1734 und dauerte insgesamt 45 Tage. Bei der Rückkehr am 18. August 1734 hatten sie ungefähr 520 Schwedische Meilen zurückgelegt. Linnés Reisebericht *Iter Darlecarlicum* wurde erst posthum veröffentlicht.

Linné blieb in Falun und übernahm den Unterricht von Reutersholms Söhnen. Browall überzeugte ihn, ins Ausland zu gehen, um dort seinen Doktorgrad zu erhalten, der ihm bisher auf Grund seiner angespannten finanziellen Situation verwehrt geblieben war. Es fand sich schließlich eine Lösung für die Reisekosten. Linné sollte Clas

Sohlberg nach Holland begleiten und unterrichten und dort promovieren. Er kehrte nach Uppsala zurück, um seine Reisevorbereitungen zu treffen und traf nach einem kürzeren Aufenthalt in Stockholm Ende des Jahres wieder in Falun ein. Zum Jahreswechsel 1734/35 lernte er Sara Elisabeth Moraea kennen, eine Tochter des Stadtarztes von Falun, und machte ihr einen Heiratsantrag. Dieser wurde von ihrem Vater, der auf die wirtschaftliche Unabhängigkeit seiner Tochter bedacht war, unter der Bedingung akzeptiert, dass Linné seinen Doktorgrad erwerben und die Hochzeit innerhalb der nächsten drei Jahre stattfinden würde.

Drei Jahre in Holland

Linnés Reise südwärts führte ihn über Växjö und Stenbrohult. Am 15. April 1735 brach er von Stenbrohult nach Deutschland auf. Anfang Mai erreichte er Travemünde und begab sich sogleich nach Lübeck, von wo er am nächsten Morgen mit der Postkutsche nach Hamburg reiste. Hier lernte er Johann Peter Kohl kennen, den Herausgeber der Zeitschrift *Hamburgische Berichte von Neuen Gelehrten Sachen*. Er besuchte den umfangreichen Garten des Juristen Johann Heinrich von Spreckelsen, in dem er unter anderem 45 Aloe- und 56 Mittagsblumen-Arten zählte. Auch der Bibliothek von Johann Albert Fabricius stattete er einen Besuch ab. Als Linné unvorsichtigerweise eine siebenköpfige Hydra, die zu einem hohen Preis zum Verkauf stand und dem Bruder des Hamburger Bürgermeisters Johann Anderson gehörte, als Fälschung entlarvte, riet ihm der Arzt Gottfried Jacob Jänisch, Hamburg zügig zu verlassen, um möglichem Ärger aus dem Weg zu gehen. So brach Linné schon am 27. Mai von Altona nach Holland auf.

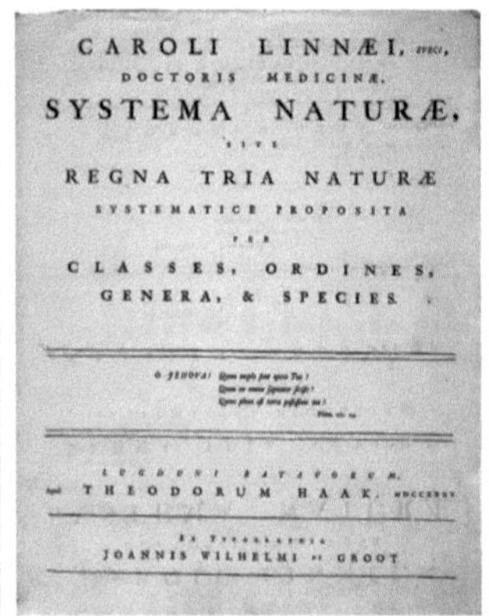

CAROLI LINNÆI,
DOCTORIS MEDICINÆ,
SYSTEMA NATURÆ,
SIVE
REGNA TRIA NATURÆ
SYSTEMATICE PROPOSITA
PER
CLASSES, ORDINES,
GENERA, & SPECIES.

THEODORUM HAAK,

JOANNIS WILHELMI DE GROOT

Das Titelblatt der 1. Auflage von *Systema Naturae*, in dem Linné 1735 sein System zur Klassifizierung der drei Naturreiche erstmalig vorstellte.

Am 13. Juni kam Linné in Amsterdam an. Hier hielt er sich nur wenige Tage auf und segelte am Abend des 16. Juni nach Harderwijk, um endlich den lang erwarteten Abschluss als Doktor der Medizin zu erhalten. Noch am selben Tag schrieb er sich in das *Album Studiosorum* der Universität Harderwijk ein. Zwei Tage später bestand er bei Johannes de Gorter seine Prüfung als *Candidatus Medicinae* und übergab diesem seine Dissertation *Hypothesis Nova de Febrium Intermittentium Causa*[8] , die er schon in Schweden fertiggestellt hatte. Die verbleibenden Tage bis zu seiner Prüfung verbrachte er botanisierend mit David de Gorter, dem Sohn seines Prüfers. Am Mittwoch, den 23. Juni 1735, bestand er sein Examen und kehrte, nachdem ihm sein Diplom ausgehändigt wurde, schon am nächsten Tag nach Amsterdam zurück. Hier verweilte er nur kurz, denn er wollte unbedingt Herman Boerhaave kennenlernen, der in Leiden wirkte. Das Treffen auf Boerhaaves Landsitz Oud-Poelgeest kam erst aufgrund der Unterstützung von Jan Frederik Gronovius zustande, der ihm ein Empfehlungsschreiben ausstellte. Zuvor hatte Linné Gronovius und Isaac Lawson einige seiner Manuskripte gezeigt, darunter einen ersten Entwurf von *Systema Naturae*. Beide waren von der Originalität des Linnéschen Ansatzes, die drei Naturreiche Mineralien, Pflanzen

Die von Georg Dionysius Ehret angefertigte Zeichnung, auf der er Linnés Klassifizierungssystem der Pflanzen darstellte.

und Tiere zu klassifizieren, so beeindruckt, dass sie beschlossen, das Werk auf eigene Kosten herauszugeben. Gronovius und Lawson wirkten als Korrektoren für dieses und weitere in Holland entstandene Werke Linnés und überwachten die Fortschritte der Drucklegung.

Auf Boerhaaves Empfehlung fand Linné Arbeit und Unterkunft bei Johannes Burman, dem er bei der Zusammenstellung seines *Thesaurus Zeylanicus* half. In Burmans Haus stellte Linné sein Werk *Bibliotheca Botanica* fertig und lernte dort auf Empfehlung von Gronovius den Bankier George Clifford kennen. Gronovius hatte Clifford vorgeschlagen, Linné als Kurator seiner Sammlung in Hartekamp einzustellen und von ihm seinen Garten, den *Hortus Hartecampensis*, beschreiben zu lassen.[9] Am 24. September 1735 begann Linné seine Arbeit in Hartekamp. Nur fünf Tage später erhielt er die Botschaft, dass sein Freund Peter Artedi, den er erst wenige Wochen vorher zufällig in Amsterdam wiedergetroffen hatte, in einem Amsterdamer Kanal ertrunken war. Linné erfüllte das wechselseitige Versprechen der Freunde, das Werk des Anderen fortzuführen und zu veröffentlichen, und bearbeitete und verlegte während seiner Zeit in Holland die Werke von Artedi.

Bald nach Linnés Ankunft in Hartekamp traf dort der deutsche Pflanzenzeichner Georg Dionysius Ehret ein, der von Clifford eine Zeitlang als Zeichner eingestellt wurde. Linné erklärte ihm sein neues Klassifizierungssystem für Pflanzen, woraufhin Ehret, zunächst für seinen privaten Gebrauch, eine Zeichnung mit den Unterscheidungsmerkmalen der 24 Klassen anfertigte. Die Tafel mit dem Titel *Caroli Linnaei classes sive literae* wurde gelegentlich mit der Erstausgabe von Linnés *Systema Naturae* zusammengebunden und war Bestandteil einiger weiterer seiner Werke. In Hartekamp arbeitete Linné an mehreren Projekten gleichzeitig. So entstanden hier seine Werke *Fundamenta Botanica*, *Flora Lapponica*, *Genera Plantarum* und *Critica Botanica*, und gingen Seite für Seite nach der Korrektur zum Drucker. Nebenher gelang es ihm, mit Hilfe des deutschen Gärtners Dietrich Nietzel die in einem der Warmhäuser Cliffords wachsende Bananenpflanze zu Blüte und Fruchtansatz zu bringen. Dieses Ereignis war der Anlass für ihn, die Abhandlung *Musa Cliffortiana* zu schreiben. Das Werk ist die erste Monografie über eine Pflanzengattung.

England und Frankreich

Im Sommer 1736 wurde Linnés Arbeit in Holland durch eine Reise nach England unterbrochen. In London studierte er Hans Sloanes Sammlung und erhielt von Philip Miller aus dem Chelsea Physic Garden seltene Pflanzen für Cliffords Garten. Während des einmonatigen Aufenthaltes traf er mit Peter Collinson und John Martyn zusammen. Bei einem Kurzaufenthalt in Oxford lernte er Johann Jacob Dillen kennen. Zurück in Hartekamp arbeitete Linné unter dem zunehmenden Druck von Clifford[10] am *Hortus Cliffortianus* weiter, dessen Fertigstellung sich aber insbesondere auf Grund von Problemen mit den Kupferstichen bis 1738 verzögerte.

Im Sommer 1737 wurde ihm von Boerhaave der Posten eines Arztes der Niederländischen Ostindien-Kompanie in Niederländisch-Guayana angeboten. Er lehnte jedoch ab und empfahl Boerhaave stattdessen den Arzt Johann Bartsch, der ihm bei der Bearbeitung seiner *Flora Lapponica* geholfen hatte. Zu dieser Zeit hatte Linné bereits Pläne, Holland wieder zu verlassen, und schlug alle Angebote Cliffords aus, auf dessen Kosten zu bleiben. Erst als Adriaan van Royen ihn bat, den Botanischen Garten in Leiden nach seinem System neu zu ordnen und wenigstens noch über den Winter zu bleiben, gab Linné nach. Seine Reisepläne indes standen fest. Über Frankreich und Deutschland, wo er unter anderem Albrecht von Haller in Göttingen zu treffen hoffte, wollte er endgültig nach Schweden zurückkehren. Ein schweres Fieber, an dem er Anfang 1738 mehrere Wochen litt, verzögerte die Abreise jedoch immer weiter.

Im Mai 1738 hatte sich Linné soweit erholt, dass er die Reise nach Frankreich antreten konnte. Von Leiden aus reiste er über Antwerpen, Brüssel, Mons, Valenciennes und Cambrai nach Paris. Van Royen hatte ihm ein Empfehlungsschreiben an Antoine de Jussieu mitgegeben. Dieser vertraute ihn aus Zeitmangel der Obhut seines Bruders Bernard de Jussieu an, der zu dieser Zeit den Lehrstuhl für Botanik am Jardin du Roi innehatte. Gemeinsam besichtigten sie den Königlichen Garten, die Herbarien von Joseph Pitton de Tournefort, Sébastien Vaillant und Joseph Donat Surian sowie die Büchersammlung von Antoine-Tristan Danty d'Isnard, und unternahmen botanische

Exkursionen in die Umgebung von Paris.

Während einer Sitzung der Pariser Akademie der Wissenschaften wurde Linné auf Grund eines Vorschlags von Bernard de Jussieu korrespondierendes Mitglied der Akademie.[11] Der Superintendant des Jardin du Roi Charles du Fay versuchte vergeblich, Linné von einem Verbleib in Frankreich zu überzeugen. Linné wollte jedoch endlich in seine Heimat zurückkehren. Er gab den Plan auf, nach Deutschland zu reisen, und schiffte sich nach einem Monat Aufenthalt in Frankreich in Rouen nach Schweden ein.

Rückkehr nach Schweden und Heirat

Über das Kattegat kam Linné in Helsingborg an. Nach einem kurzen Aufenthalt bei seiner Familie in Stenbrohult reiste er nach Falun weiter, wo kurz darauf die Verlobung mit Sara Elisabeth Moraea stattfand. Um sich seinen Lebensunterhalt zu verdienen, ließ er sich im September 1738 in Stockholm als Arzt nieder. Nach anfänglichen Schwierigkeiten erlangte er durch die Bekanntschaft mit Carl Gustaf Tessin recht schnell Zugang zur Stockholmer Gesellschaft. Gemeinsam mit Mårten Triewald, Anders Johan von Höpken, Sten Carl Bielke, Carl Wilhelm Cederhielm und Jonas Alströmer gründete er im Mai 1739 die Königlich Schwedische Akademie der Wissenschaften und wurde ihr erster Präsident. Die Präsidentschaft gab er satzungsgemäß Ende September 1739 bereits wieder ab.

Bildnis von Linné kurz nach seiner Heirat (1739). Von Johan Henrik Scheffel (1690–1781).

Ebenfalls im Mai 1739 wurde er Nachfolger von Triewald am Königlichen Bergwerkskollegium Stockholm, an dem er Vorlesungen über Botanik und Mineralogie hielt, sowie auf Grund einer Empfehlung des Admirals Theodor Ankarcrona Arzt der schwedischen Admiralität.

Derart finanziell abgesichert konnte er am 26. Juni 1739[12] seine Verlobte Sara Elisabeth Moraea heiraten. Aus der Ehe gingen mit Carl, Elisabeth Christina, Sara Magdalena, Lovisa, Sara Christina, Johannes und Sofia sieben Kinder hervor. Sara Magdalena und Johannes starben bereits im Kindesalter. Linnés gleichnamiger Sohn Carl wurde wie sein Vater Botaniker, konnte das Werk des Vaters jedoch nur kurze Zeit fortführen und starb im Alter von 42 Jahren.

Reise durch Öland und Gotland

Einen Monat nach seiner Hochzeit kehrte Linné nach Stockholm zurück. Im Januar 1741 erhielt er vom Ständereichstag das Angebot, die Inseln Öland und Gotland zu erkunden. Linné und seine sechs Begleiter, darunter Johan Moraeus, ein Bruder seiner Frau, brachen am 26. Mai 1741 von Stockholm aus auf. Sie waren zweieinhalb Monate unterwegs und erregten durch ihre Tätigkeit im Vorfeld des Russisch-Schwedischen Kriegs manchmal den Verdacht russischer Spionageaktivitäten. Mit der Veröffentlichung des Reiseberichtes *Öländska och Gothländska Resa* 1745 hatte Linné zum ersten Mal ein Werk in seiner schwedischen Muttersprache verfasst. Bemerkenswert ist der Index des Werkes, in dem die Pflanzen verkürzt in binominaler Weise benannt waren. Außerdem wurde mit einem numerischen Index auf die Arten in dem im gleichen Jahr erschienenen Werk *Flora Suecica* verwiesen.

Professor in Uppsala

Linnés Wohnhaus in Uppsala stand auf dem Gelände des Botanischen Gartens der Universität.

Im Frühjahr 1740 starb Olof Rudbeck, und dessen Lehrstuhl für Botanik an der Universität Uppsala musste neu besetzt werden. Lars Roberg, Inhaber des Lehrstuhls für Medizin, wollte sich bald zur Ruhe setzen, so dass dieser Lehrstuhl ebenfalls neu zu vergeben war. Neben Linné gab es mit Nils Rosén von Rosenstein und Johan Gottschalk Wallerius zwei weitere Anwärter. In Absprache mit dem schwedischen Kanzler Carl Gyllenborg sollte Rosén die Stelle Rudbecks erhalten und Linné die freiwerdende Position von Roberg. Später sollten sie dann die Lehrstühle tauschen. Linnés offizielle Ernennung zum Professor für Medizin erfolgte am 16. Mai 1741. In seiner Rede „Von der Bedeutung in seinem eigenen Land zu Reisen“[13] anlässlich der Übernahme das Lehrstuhls, die er am 8. November 1741 hielt, betonte er den ökonomischen Nutzen, der sich aus einer Kartierung der schwedischen Natur ergäbe. Jedoch sei es nicht nur wichtig, die Natur zu studieren, sondern auch lokale Krankheiten, deren Heilmethoden und die verschiedenartigen landwirtschaftlichen Methoden. Seine erste öffentliche Vorlesung fand knapp eine Woche später statt.

Ende des Jahres tauschten Linné und Rosen die Lehrstühle. Linné unterrichtete Botanik, Diätetik, Materia Medica und hatte die Aufsicht über den Alten Botanischen Garten. Rosen lehrte Praktische Medizin, Anatomie und Physiologie. Für die Gebiete Pathologie und Chemie waren sie gemeinsam verantwortlich. Linné begann mit der Umgestaltung des Botanischen Gartens und beauftragte damit Carl Hårleman. Das zum Garten gehörende Haus von Olof Rudbeck dem Älteren wurde renoviert und Linné zog mit seiner Familie dort ein. Im Garten wurden neue Gewächshäuser errichtet und Pflanzen aus der ganzen Welt angesiedelt. In seinem Werk *Hortus Upsaliensis* beschrieb Linné 1748 etwa 3000 verschiedene Pflanzenarten, die in diesem Garten kultiviert wurden. 1750 wurde er Rektor der Universität Uppsala. Diese Position übte er bis wenige Jahre vor seinem Tod aus.

Vor seinem Amtsantritt als Rektor hatte Linné noch zwei weitere Reisen durch Schweden unternommen. Vom 23. Juni bis 22. August 1746 bereiste er gemeinsam mit Erik Gustaf Lidbeck, der später Professor in Lund wurde, die Provinz Västergötland. Linnés Aufzeichnungen erschienen ein Jahr später unter dem Titel *Västgöta Resa*. Eine letzte Reise führte Linné vom 10. Mai bis 24. August 1749 durch die südlichste schwedische Provinz Schonen. Sein Student Olof Andersson Söderberg, der im Vorjahr bei ihm promoviert hatte und später Professor in Halle war, ging ihm während der Reise als sein Sekretär zur Hand. Die *Skånska Resa* wurde 1751 veröffentlicht. Mitte Dezember 1772 hielt er seine Abschiedsrede über „Die Freuden der Natur“.[14]

Species Plantarum

Linnés Reisen durch Schweden ermöglichten es ihm, in den Werken *Flora Suecica* (1745) und *Fauna Suecica* (1746) die Pflanzen- und Tierwelt Schwedens ausführlich zu beschreiben. Sie waren wichtige Schritte zur Vollendung seiner beiden bedeutsamsten Werke *Species Plantarum* (erste Auflage 1753) und *Systema Naturae* (zehnte Auflage 1759). Linné ermutigte seine Schüler, die Natur unerforschter Regionen selbst zu erkunden und verschaffte ihnen auch die Möglichkeiten dazu. Die auf Entdeckungsreise gegangenen Schüler nannte er „seine Apostel".

CAROLI LINNÆI
S:æ R:giæ M:tis Sveciæ Archiatri; Medic. & Botan. Profess. Upsal; Equitis aur. de Stella Polari; nec non Acad. Imper. Monspel. Berol. Tolos. Upsal. Stockh. Soc. & Paris. Coresp.

SPECIES PLANTARUM,
EXHIBENTES
PLANTAS RITE COGNITAS,
AD
GENERA RELATAS,
CUM
Differentiis Specificis,
Nominibus Trivialibus,
Synonymis Selectis,
Locis Natalibus,
Secundum
SYSTEMA SEXUALE
DIGESTAS.
Tomus I.

HOLMIÆ,
Impensis LAURENTII SALVII.
1753.

In *Species Plantarum* (1753) verwandte Linné erstmals durchgängig binominale Namen für Pflanzenarten, wie sie in der modernen botanischen Nomenklatur noch heute üblich sind.

1744 schickte ihm der dänische Apotheker August Günther fünf Bände des von Paul Hermann von 1672 bis 1677 in Ceylon angefertigten Herbariums und bat Linné, ihm bei der Identifizierung der Pflanzen zu helfen. Linné konnte etwa 400 der zirka 660 herbarisierten Pflanzen verwenden und in sein Klassifizierungssystem einordnen. Seine Ergebnisse veröffentlichte er 1747 als *Flora Zeylanica.*

Ein schwerer Gichtanfall zwang Linné 1750, seinem Schüler Pehr Löfling den Inhalt von *Philosophia Botanica* (1751) zu diktieren. Das auf seinen in *Fundamenta Botanica* formulierten 365 Aphorismen aufbauende Werk war als Lehrbuch der Botanik konzipiert. Er stellte darin sein System zu Unterscheidung und Benennung von Pflanzen dar und erläuterte es durch knappe Kommentare. Von Mitte 1751 bis 1752 arbeitete Linné intensiv an der Fertigstellung von *Species Plantarum.* In den Mitte 1753 erschienenen zwei Bänden beschrieb er auf 1200 Seiten mit ungefähr 7300 Arten alle ihm bekannten Pflanzen der Erde. Besondere Bedeutung hat das Epitheton, das er als Marginalie zu jeder Art am Seitenrand vermerkte und das eine Neuerung gegenüber seinen früheren Werken war. Der Gattungsname und das Epitheton bilden zusammen den binominalen Namen der Art, so wie er in der modernen botanischen Nomenklatur noch heute verwendet wird.

Systema Naturae

Im Veröffentlichungsjahr von *Species Plantarum* erschien mit *Museum Tessinianum* eine Aufstellung der Objekte der Mineralien- und Fossiliensammlung von Carl Gustaf Tessin, die Linné angefertigte hatte. Das Sammeln von naturhistorischen Kuriositäten war zu dieser Zeit auch in Schweden sehr verbreitet. Adolf Friedrich hatte in Schloss Drottningholm eine Sammlung seltener Tierarten zusammengetragen und beauftragte Linné mit deren Inventarisierung. Linné verbrachte dafür in den Jahren 1751 bis 1754 insgesamt neun Wochen auf dem Schloss des Königs. Der erste Band von *Museum Adolphi Friderici* (1754) enthielt 33 Zeichnungen (zwei von Affen, neun von Fischen und 22 von Schlangen). Es ist das erste Werk, in dem die binominale Nomenklatur durchgängig in der Zoologie angewendet wurde.

In der 10. Auflage von *Systema Naturae* übernahm Linné die binominale Nomenklatur endgültig für die Tierarten, die im ersten Band beschrieben sind. Im zweiten Band von *Systema Naturae* behandelte er die Pflanzen. Ein ursprünglich geplanter dritter Band, der die Mineralien zum Inhalt haben sollte, erschien nicht. 1758, das Erscheinungsjahr von *Systema Naturae*, markiert damit den Beginn der modernen zoologischen Nomenklatur.

In der 10. Auflage von *Systema Naturæ* (1758) wandte Linné die binominale Nomenklatur konsequent auf das Tierreich an.

Die schwedische Königin Luise Ulrike hatte in ihrem Schloss Ulriksdal ebenfalls eine naturhistorische Sammlung angelegt, die aus 436 Insekten, 399 Muscheln und 25 weiteren Mollusken bestand und in der Abhandlung *Museum Ludovicae Ulricae* (1764) durch Linné beschrieben wurde. Den Anhang bildete der zweite Band der Beschreibung des Museums ihres Mannes mit 156 Tierarten.

Letzte Jahre

In seinen letzten Lebensjahren war Linné damit beschäftigt, die zwölfte Auflage von *Systema Naturae* (1766–1768) zu bearbeiten. Es entstanden die als Anhang dazu gedachten Werke *Mantissa Plantarum* (1767) und *Mantissa Plantarum Altera* (1771). In ihnen beschrieb er zahlreiche neue Pflanzen, die er von seinen Korrespondenten aus der ganzen Welt erhalten hatte.

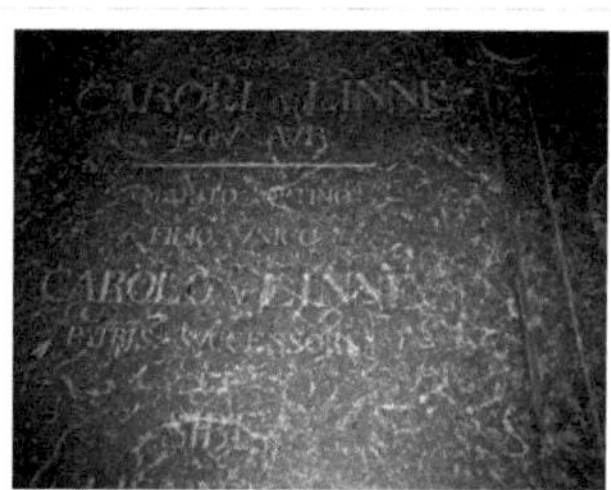

Grabstein von Carl von Linné und seinem gleichnamigen Sohn im Dom zu Uppsala.

Im Mai 1774 erlitt er während einer Vorlesung im Botanischen Garten der Universität Uppsala einen Schlaganfall. Ein zweiter Schlaganfall 1776 lähmte seine rechte Seite und schränkte seine geistigen Fähigkeiten ein. Carl von Linné starb am 10. Januar 1778 an einem Geschwür an der Harnblase und wurde im Dom zu Uppsala begraben.

Rezeption und Nachwirkung

Der im 20. Jahrhundert wirkende britische Botaniker William Thomas Stearn fasste Linnés Bedeutung folgendermaßen zusammen:

> „Obwohl Linné als bahnbrechender Ökologe, Geobotaniker, Dendrochronologe, Evolutionist, botanischer Pornograf und Sexualist und vieles mehr bezeichnet wurde, bestehen seine einflussreichsten und wertvollsten Beiträge zu Biologie unzweifelhaft in der erfolgreichen Einführung der binominalen Nomenklatur für Pflanzen- und Tierarten, auch wenn diese Leistung nur ein zufälliges Nebenprodukt seiner enormen enzyklopädischen Tätigkeit war, um in knapper, präziser und praktischer Form die Mittel für das Erkennen und Erfassen ihrer Gattungen und Arten bereitzustellen."
>
> – William Thomas Stearn: In: *The Compleat Naturalist: A Life of Linnaeus.* 2004[15]

Lebenswerk

Mit seinen Verzeichnissen *Species Plantarum* (für Pflanzen, 1753) und *Systema Naturae* (für Pflanzen, Tiere und Mineralien, 1758/1759 beziehungsweise 1766–1768) schuf Linné die Grundlagen der modernen botanischen und zoologischen Nomenklatur. In diesen beiden Werken gab er zu jeder beschriebenen Art zusätzlich ein Epitheton an. Gemeinsam mit dem Namen der Gattung diente es als Abkürzung des eigentlichen Artnamens, der aus einer langen beschreibenden Wortgruppe (Phrase) bestand. Aus *Canna foliis ovatis utrinque acuminatis nervosis* entstand so die leicht zu merkende Bezeichnung *Canna indica*. Das Ergebnis der Einführung zweiteiliger Namen ist die konsequente Trennung der Beschreibung einer Art von ihrer Benennung.[16] Durch diese Trennung konnten neu entdeckte Pflanzenarten unproblematisch in seine Systematik aufgenommen werden. Linnés Systematik umfasste die drei Naturreiche Mineralien (einschließlich der Fossilien), Pflanzen und Tiere. Im Gegensatz zu seinen Beiträgen zur Botanik und Zoologie, deren fundamentale Bedeutung für die biologische Systematik schnell anerkannt wurde, blieben seine mineralogischen Untersuchungen bedeutungslos, da ihm die dafür notwendigen chemischen Kenntnisse fehlten. Die erste chemisch begründete Klassifizierung der Mineralien wurde 1758 von Axel Frederic von Cronstedt aufgestellt.[17]

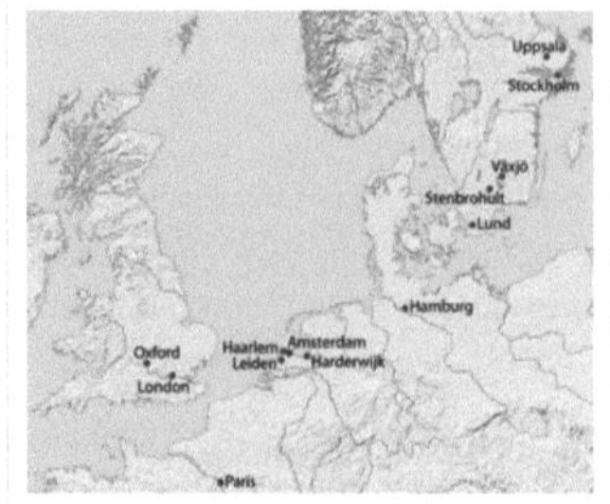

Wirkungsorte Linnés.

In grundsätzlicher Opposition zu der von Linné vertretenen Auffassung, dass die ganze Natur in eine Taxonomie erfasst werden kann, stand der zeitgenössische Naturforscher Georges-Louis Leclerc de Buffon. Buffon war der Ansicht, dass die Natur zu unterschiedlich und zu reich sei, um sich einem so strengen Rahmen anzupassen.[18] Der Philosoph Michel Foucault beschrieb Linnés Vorgehensweise des Klassifizierens so, dass es ihm darum gegangen sei „systematisch wenige Dinge zu sehen". Ihm sei es insbesondere darum gegangen, die Ähnlichkeiten der Dinge in der Welt aufzulösen. So schrieb Linné in seiner *Philosophia Botanica*: „Alle dunklen Ähnlichkeiten sind nur zur Schande der Kunst eingeführt worden".[19] Linné ging zudem von der Konstanz der Arten aus: „Es gibt so viele Arten, als Gott am Anfang als verschiedene Gestalten geschaffen hat."[20] [21] Er unterteilte die Arten bewusst anhand künstlich ausgewählter Merkmale wie Anzahl, Form, Größenverhältnis und Lage[22] in Klassen und Ordnungen, um ein einfach zu handhabendes und leicht erlernbares System für die Einordnung der Arten zu schaffen. Bei den Pflanzen verwandte er beispielsweise Merkmale der Staubblätter, um die Klasse zu bestimmen und Merkmale der Stempel, um die Ordnung einer Pflanzenart festzulegen. Auf diese Weise entstand ein sogenanntes „künstliches System", da es die natürlichen Verwandtschaftsverhältnisse der Arten untereinander nicht berücksichtigte. Die Gattungen und Arten hielt er für natürlich[23] und ordnete sie daher unter Verwendung einer Vielzahl von Kennzeichen entsprechend ihrer Ähnlichkeit. Linné war bestrebt, ein „natürliches System" zu schaffen, kam jedoch über Ansätze wie *Ordines Naturales* in der sechsten Auflage von *Genera Plantarum* (1764) nicht hinaus. Für die Pflanzen gelang es erst Antoine-Laurent de Jussieu, ein solches natürliches System aufzustellen.

Auszeichnungen und Würdigung

Linné wurde am 30. Januar 1747 zum Archiater (Leibarzt) des Königs ernannt. Am 27. April 1753 wurde ihm der Nordstern-Orden verliehen. Ende 1756 wurde Carl Linnaeus vom Schwedischen König Adolf Friedrich geadelt und nahm den Namen Carl von Linné an.[24] Den auf den 20. April 1757[25] datierten Adelsbrief unterzeichnete der König im November 1761. Die Erhebung in den Adelsstand wurde erst Ende 1762 mit der Bestätigung durch das Riddarhuset wirksam.

Das Moosglöckchen ist nach Linné benannt.

Linné war Mitglied zahlreicher wissenschaftlicher Akademien und Gelehrtengesellschaften. Hierzu zählten unter anderem die Deutsche Akademie der Naturforscher Leopoldina, der er unter dem Namen *Dioscurides II.* angehörte, die Königliche Gesellschaft der Wissenschaften in Uppsala, die Société Royale des Sciences de Montpellier, die Königlich-Preußische Akademie der Wissenschaften[26] , die Royal Society[27] , die Académie royale des Sciences, Inscriptions et Belles-Lettres Toulouse, die Pariser Akademie der Wissenschaften und die Königliche Großbrittannische Churfürstliche Braunschweigische Lüneburgische Landwirthschaftsgesellschaft Celle.

Jan Frederik Gronovius benannte Linné zu Ehren die Gattung *Linnaea* (Moosglöckchen) der Pflanzenfamilie der Linnaeaceae. Ebenso sind nach ihm der Mondkrater Linné im Mare Serenitatis, der Asteroid Linnaeus sowie das Mineral Linneit benannt.

Der Botaniker William Thomas Stearn schlug 1959 das im Dom von Uppsala bestattete Skelett von Carl von Linné zum Lectotypus für die Art *Homo sapiens* vor.[28] *Homo sapiens* wurde dadurch nach den zoologischen Nomenklaturregeln gültig als diejenige Tierart definiert, zu der Carl von Linné gehörte.

Die aktuelle Serie der Schwedischen Krone führt seit 2001 das Bildnis Carl von Linnés auf der Banknote zu 100 Kronen.

Nachlass und Briefwechsel

Nach dem Tod Linnés und dem Tod seines Sohnes Carl bot seine Frau Sara den gesamten Nachlass Joseph Banks für 3000 Guineen zum Kauf an. Dieser lehnte jedoch ab und überzeugte James Edward Smith, die Sammlung zu erwerben. Im Oktober 1784 kam Linnés Sammlung in London an und wurde in Chelsea öffentlich ausgestellt. Linnés Nachlass ist heute im Besitz der Londoner Linné-Gesellschaft[29] , deren höchste Auszeichnung die jährlich vergebene Linné-Medaille ist.

Die Linné-Medaille wird von der Linnean Society of London seit 1888 jährlich vergeben.

Linné unterhielt bis zu seinem Tod einen umfangreichen Briefwechsel mit Partnern in der ganzen Welt. Davon stammten ungefähr 200 aus Schweden und 400 aus anderen Ländern. Über 5000 Briefe sind erhalten geblieben.[30] Allein sein Briefwechsel mit Abraham Bäck, seinem engen Freund und Vertrauten, umfasst weit über 500 Briefe.

Wichtige botanische und zoologische Briefpartner waren Herman Boerhaave, Johannes Burman, Jan Frederik Gronovius und Adriaan van Royen in Holland, Joseph Banks, Mark Catesby, Peter Collinson, Philip Miller, James Petiver und Hans Sloane in England, Johann Reinhold Forster, Johann Gottlieb Gleditsch, Johann Georg Gmelin und Albrecht von Haller in Deutschland, Nikolaus Joseph von Jacquin in Österreich, sowie Antoine Nicolas Duchesne und Bernard de Jussieu in Frankreich.

Kritiker

Die von Linné schon 1729 als Student in *Praeludia Sponsaliorum Plantarum* verwendete Analogie von Pflanzen und Tieren hinsichtlich ihrer Sexualität provozierte etliche seiner Zeitgenossen zur Kritik.

Im *Hortus Cliffortianus* benannte Linné die Gattung *Sigesbeckia* nach Johann Georg Siegesbeck, der wenig später zu einem seiner deutlichsten Kritiker wurde. Die Zeichnung stammt von Jan Wandelaar.

Eine erste Kritik zu Linnés Sexualsystem der Pflanzen schrieb Johann Georg Siegesbeck 1737 in einer Anlage zu seiner Schrift *Botanosophiae*: „[Wenn] acht, neun, zehn, zwölf oder gar zwanzig und mehr Männer in demselben Bett mit einer Frau gefunden werden [oder wenn] dort, wo die Betten der wirklichen Verheirateten einen Kreis bilden, auch die Betten der Dirnen einen Kreis beschließen, so dass die von verheirateten Männern begattet werden [...] Wer möchte glauben, dass von Gott solche verabscheuungswürdige Unzucht im Reiche der Pflanzen eingerichtet wurden ist? Wer könnte solch unkeusches System der akademischen Jugend darlegen, ohne Anstoß zu erregen?"[31]

Julien Offray de La Mettrie spottete in *L'Homme Plante* (1748, kurz danach Bestandteil von *L'Homme Machine*) über Linnés System, indem er darin die Menschheit anhand der von Linné eingeführten Begriffe klassifizierte. Die Menschheit bezeichnete er als *Dioecia* (d. h. männliche und weibliche Blüten auf verschiedenen Pflanzen). Männer gehören zur Ordnung *Monandria* (ein Staubblatt) und Frauen zur Ordnung *Monogyna* (ein Stempel). Die Kelchblätter interpretierte er als Kleidung, die Kronblätter als Gliedmaßen, die Nektarien als Brüste und so fort.[32]

Selbst Johann Wolfgang von Goethe, der bekannte, „dass nach Shakespeare und Spinoza auf mich die größte Wirkung von Linné ausgegangen [ist], und zwar gerade durch den Widerstreit, zu welchem er mich aufforderte"[33] urteilte: „Wenn unschuldige Seelen, um durch eigenes Studium weiter zu kommen, botanische Lehrbücher in die Hand nehmen, können sie nicht verbergen, dass ihr sittliches Gefühl beleidigt sei; die ewigen Hochzeiten, die man nicht los wird, wobei die Monogamie, auf welche Sitte, Gesetz und Religion gegründet sind, ganz in vage Lüsternheit sich auflöst, bleibt dem reinen Menschensinn unerträglich."[34]

Schriften

Werke (Auswahl)

Linné hat zahlreiche Bücher verfasst, von denen viele in mehreren Auflagen erschienen. Einige davon sind in digitalisierter Form bei

Carl v. Linné

Linnés Unterschrift.

verschiedenen Anbietern wie dem Gallica-Projekt der Französischen Nationalbibliothek, der Online Library of Biological Books [35], der Niedersächsischen Staats- und Universitätsbibliothek Göttingen, der Botanicus Digital Library [36] und der Google Buchsuche im Volltext verfügbar. Zu den wichtigsten Werken Linnés zählen:

- *Praeludia Sponsaliorum Plantarum.* Uppsala, 1729
- *Florula Lapponica.* In *Acta Literaria et Scientiarum Sueciae.* Band 3, S. 46–58, 1732
- *Systema Naturae.* Johan Wilhelm de Groot, Leiden 1735
- *Bibliotheca Botanica.* Salomon Schouten, Amsterdam 1735; digitalisierte Fassung [37]
- *Fundamenta Botanica.* Salomon Schouten, Amsterdam 1735; digitalisierte Fassung [38]
- *Musa Cliffortiana.* Leiden 1735; digitalisierte Fassung [39]
- *Flora Lapponica* Salomon Schouten, Amsterdam 17linne/musa/index.html37; digitalisierte Fassung [40]
- *Genera Plantarum.* Conrad Wishoff, Leiden 1737; digitalisierte Fassung [41] der 2. Auflage
- *Critica Botanica.* Conrad Wishoff, Leiden 1737; digitalisierte Fassungen: Google-Bücher [42], ULB Düsseldorf [43]
- *Hortus Cliffortianus*, Amsterdam 1738; digitalisierte Fassung [44]
- *Classes Plantarum.* Conrad Wishoff, Leiden 1738; digitalisierte Fassungen: Gallica [45], ULB Düsseldorf [46]
- *Öländska och Gothländska Resa.* Gottfried Kiesewetter: Stockholm und Uppsala 1745; digitalisierte Fassung [47]
- *Flora Suecica.* Lars Salvius: Stockholm 1745; digitalisierte Fassung [48]
- *Fauna Suecica.* Lars Salvius: Stockholm 1746; digitalisierte Fassung [49]
- *Västgöta Resa.* Lars Salvius: Stockholm 1747; digitalisierte Fassung [50]
- *Flora Zeylanica.* Lars Salvius: Stockholm 1747; digitalisierte Fassungen: Stueber [51], Bayerische Staatsbibliothek [52]
- *Hortus Upsaliensis.* Lars Salvius: Stockholm 1748; digitalisierte Fassung [53]
- *Materia Medica.* Lars Salvius: Stockholm 1749; digitalisierte Fassung [54]
- *Skånska Resa.* Lars Salvius: Stockholm 1751; digitalisierte Fassung [55]
- *Philosophia Botanica.* Gottfried Kiesewetter: Stockholm 1751; digitalisierte Fassung [56]
- *Species Plantarum.* Lars Salvius: Stockholm 1753; digitalisierte Fassung [57]
- *Museum S. R. M. Adolphi Friderici.* Lars Salvius: Stockholm 1754
- *Systema Naturae.* 10. Auflage, Lars Salvius: Stockholm 1758; digitalisierte Fassung [58]
- *Museum S. R. M. Ludovicae Ulricae.* Lars Salvius: Stockholm 1764; digitalisierte Fassung [59]
- *Mantissa Plantarum.* Lars Salvius: Stockholm 1767; digitalisierte Fassungen: Google-Books [60], Bayerische Staatsbibliothek [61]
- *Mantissa Plantarum Altera.* Lars Salvius: Stockholm 1771; digitalisierte Fassungen: Gallica [62], Bayerische Staatsbibliothek [63]

Zeitschriftenartikel

Für folgende Zeitschriften hat Linné Artikel verfasst:

- *Acta Societatis Regiae Scientarum Upsaliensis*
- *Kongliga Svenska Vetenskaps Academiens Handlingar*
- *Memoires de l'Academie Royale des Science de Paris*
- *Nova Acta Regiae Societatis Scientarum Upsaliensis*
- *Novi Commentarii Academiae Scientiarum Imperialis Petropolitanae*
- *Post- och Inrikes Tidningar*

Dissertationen

Unter dem Vorsitz von Linnés sind von 1743 bis 1776 insgesamt 185 Dissertationen entstanden, die ihm häufig direkt zugeschrieben werden. Die Dissertationen seiner Doktoranden wurden im zehnbändigen *Amoenitates Academicae* (Stockholm bzw. Erlangen, 1751–1790) veröffentlicht.

Literatur

Biographien

- Wilfrid Blunt: *The Compleat Naturalist: A Life of Linnaeus.* 2001. ISBN 0-7112-1841-2
- Cecilia Lucy Brightwell: *A life of Linnaeus.* London 1858
- Florence Caddy: *Through the fields with Linnaeus.* 2 Bände, London 1887
- Theodor Magnus Fries: *Linné: Lefnadsteckning.* 2 Bände Stockholm, 1903
- Heinz Goerke: *Linné. Arzt - Naturforscher - Systematiker.* Stuttgart 1966.
- Edward Lee Greene: *Carolus Linnaeus.* Philadelphia 1912
- Benjamin D. Jackson: *Linnaeus.* London 1923
- Lisbet Koerner: *Linnaeus: Nature and Nation.* Harvard University Press 1999. ISBN 0-674-00565-1
- Richard Pulteney: *A General View of the Writings of Linnaeus.* London 1781
- Dietrich Heinrich Stöver: *The Life of Sir Charles Linnaeus.* London 1794

Bibliografien seiner Schriften

- Basil Harrington Soulsby: *A catalogue of the works of Linnaeus (and publications more immediately thereto) preserved in the libraries of the British Museum (Bloomsbury) and the British Museum (Natural History – South Kensington).* 2. Auflage, London 1933
- Johan Markus Hulth: *Bibliographia linnaeana. Materiaux pour servir a une bibliographie linnéenne.* Uppsala 1907
- Felice Bryk: *Bibliographia Linnaeana ad Species plantarum pertinens.* In: *Taxon.* Band 2, Nr. 3, Mai 1953, S. 74–84. doi:10.2307/1217345 [64]
- Felice Bryk: *Bibliographia Linnaeana ad Genera Plantarum Pertinens.* In: *Taxon.* Band 3, Nr. 6, Sept. 1954, S. 174–183. doi:10.2307/1215955 [65]

Briefwechsel

- Theodor Magnus Fries, Johan Markus Hulth (Herausgeber): *Bref och skrifvelser af och till Carl von Linné.* 8 Bände, Stockholm 1907–1922
- James Edward Smith (Herausgeber): *A Selection of the Correspondence of Linnaeus.* 2 Bände, London 1821
- Briefwechsel [66] von Carl von Linné

Zur Rezeption seines Werkes

- A. J. Boerman: *Carolus Linnaeus. A Psychological Study.* In: *Taxon'. Band 2, Nr. 7, Okt. 1953, S. 145–156. doi: 10.2307/1216487* [67]
- Felix Bryk: *Promiskuitat der Gattungen als Artbildender Faktor. Zur zweihundertsten Wiederkehr des Erscheinungsjahres der fünften Auflage von Linnes Genera plantarum (1754).* In: *Taxon.* Band 3, Nr. 6, Sept. 1954, S. 165–173. doi:10.2307/1215954 [68]
- John Lewis Heller: *Linnaeus's Hortus Cliffortianus.* In: *Taxon.* Band 17, Nr. 6, Dez. 1968, S. 663–719. doi:10.2307/1218012 [69]
- John Lewis Heller: *Linnaeus's Bibliotheca Botanica.* In: *Taxon.* Band 19, Nr. 3, Juni, 1970, S. 363–411. doi:10.2307/1219065 [70]

- James L. Larson: *Linnaeus and the Natural Method.* In: *Isis.* Band 58, Nr. 3, Herbst 1967, S. 304–320
- James L. Larson: *The Species Concept of Linnaeus.* In: *Isis.* Band 59, Nr. 3, Herbst, 1968, S. 291–299
- E. G. Linsley, R. L. Usinger: *Linnaeus and the Development of the International Code of Zoological Nomenclature.* In: *Systematic Zoology.* Band 8, Nr. 1, März, 1959, S. 39–47. doi:10.2307/2411606 [71]
- Karl Mägdefrau: *Geschichte der Botanik.* Gustav Fischer Verlag: Stuttgart 1992, S. 61–77. ISBN 3-437-20489-0
- Staffan Müller-Wille, Karen Reeds: *A translation of Carl Linnaeus's introduction to Genera plantarum.* In: *Studies in History and Philosophy of Science Part C: Studies in History and Philosophy of Biological and Biomedical Sciences.* Band 38, Nr. 3, September 2007, S. 563–572. doi:doi:10.1016/j.shpsc.2007.06.003 [72]
- Staffan Müller-Wille: *Collection and collation: theory and practice of Linnaean botany.* In: *Studies in History and Philosophy of Science Part C: Studies in History and Philosophy of Biological and Biomedical Sciences.* Band 38, Nr. 3, September 2007, S. 541–562. doi:10.1016/j.shpsc.2007.06.010 [73]
- Peter Seidensticker: *Pflanzennamen: Überlieferung, Forschungsprobleme, Studien.* Franz Steiner Verlag: 1999. ISBN 3-515-07486-4
- W. T. Stearn: *The Background of Linnaeus's Contributions to the Nomenclature and Methods of Systematic Biology.* In: *Systematic Zoology.* Band 8, Nr. 1, März 1959, S. 4–22. doi:10.2307/2411603 [74]

Sonstiges

- Tagebuch der Reise durch Lappland *Iter Lapponicum* [75]
  - dt. *Lappländische Reise.* Aus den Schwedischen übersetzt von H. C. Artmann. Insel Verlag, Frankfurt am Main 1964.
- Tagebuch der Reise durch Dalarna *Iter Dalekarlicum* [76]
- Auslandstagebuch *Iter ad exteros* [77]
- Carl Linné: *Des Herrn Archiaters und Ritters von Linné Reisen durch einige schwedische Provinzen.* Curt: Halle 1764 Band 1 [78]
- *Nemesis Divina* (auf Schwedisch vollständig ediert 1968; auf Deutsch 1983, von Wolf Lepenies, Lars Gustafsson, Ullstein: Frankfurt/M.)

Einzelnachweise

[1] Während Linnés Leben gab es in Schweden mehrere Wechsel im angewandten Kalender. Von März 1700 bis Februar 1712 galt der Schwedische Kalender. Nach diesem war sein Geburtstag der 13. Mai 1707. Ab März 1712 wurde wieder der Julianische Kalender angewendet. Erst ab 1753 galt in Schweden der Gregorianische Kalender. Im Artikel sind alle Daten nach dem Gregorianischen Kalender angegeben.

[2] Sébastien Vaillant: *Sermo de Structura Florum.* Leiden, 1718

[3] Schreiben (http://www.scricciolo.com/linnaeus_lettera_krok.htm) vom 6. Mai 1727 von Nils Krok an den Rektor der Universität Lund

[4] Carl Linnaeus an Kilian Stobaeus, 19. November 1728, Brief L0001 (http://linnaeus.c18.net/Letters/display_letter.php?id=L0001) in The Linnaean correspondence (http://linnaeus.c18.net/) (abgerufen am 11. März 2008).

[5] James Edward Smith (Herausgeber): *Iter Lapponicum.* (Lappländische Reise) 1811.

[6] *Florula Lapponica.* In: *Acta Literaria et Scientiarum Sueciae.* Band 3, 1732, S. 46–58.

[7] Carl Linnaeus an Gabriel Gyllengrip, 5. Oktober 1733, Brief L0027 (http://linnaeus.c18.net/Letters/display_letter.php?id=L0027) in The Linnaean correspondence (http://linnaeus.c18.net/) (abgerufen am 11. März 2008).

[8] *Hypothesis Nova de Febrium Intermittentium Causa* (http://www.botanicus.org/page/497533)

[9] Johan Frederik Gronovius an Carl Linnaeus, 1. September 1735, Brief L0044 (http://linnaeus.c18.net/Letters/display_letter.php?id=L0044) in The Linnaean correspondence (http://linnaeus.c18.net/) (abgerufen am 11. März 2008).

[10] Carl Linnaeus an Johannes Burman, 25. September 1736, Brief L0093 (http://linnaeus.c18.net/Letters/display_letter.php?id=L0093) in The Linnaean correspondence (http://linnaeus.c18.net/) (abgerufen am 11. März 2008).

[11] Aufnahme in die Akademie der Wissenschaften (http://www.academie-sciences.fr/membres/in_memoriam/in_memoriam_liste_alphabetique_L.htm)

[12] Richard Pulteney: *A General View of the Writings of Linnaeus.* London 1781, S. 77.

[13] *Oratio qua peregrinationum intra patriam asseritur necessitas*

[14] *Deliciae Natura.* Tal hållit uti Upsala la Domkyrka. År 1772. den 14 Dec. vid Rectoratets nedläggande. *Stockholm 1773. Deutsche Kurzrezension der Rede* (http://books.google.de/books?id=z-kQAAAAIAAJ&pg=RA1-PA156)

[15] William Thomas Stearn: *Linnaean Classification, Nomenclature and Method.* In: *Wilfrid Blunt: The Compleat Naturalist: A Life of Linnaeus.* 2004, S. 256. ISBN 0-7112-2362-9

[16] Peter Seidensticker: *Pflanzennamen: Überlieferung, Forschungsprobleme, Studien.* Franz Steiner Verlag: 1999, S. 33–36

[17] Axel Frederic von Cronstedt: *Försök til Mineralogie, eller Mineral-Rikets Upställning.* Wildisksa tryckeriet: Stockholm 1758 (anonym erschienen) Deutsche Ausgabe von 1770 (http://books.google.ch/books?id=ThsOAAAAQAAJ).

[18] Michel Foucault: *Die Ordnung der Dinge.* Eine Archäologie der Humanwissenschaften. 14. Auflage, Frankfurt a.M. 1997, S. 166, ISBN 3-518-27696-4.

[19] Michel Foucault: *Die Ordnung der Dinge.* Eine Archäologie der Humanwissenschaften. 14. Auflage, Frankfurt a.M. 1997, S. 175. (Quelle: Linné, *Philosophia Botanica,* § 299.)

[20] Zitiert nach Mädgefrau S. 70

[21] „Species tot sunt, quot diversas formas ab initio produxit Infinitum Ens". In Paragraph 5 der *Ratio Operis.* aus *Genera Plantarum.*

[22] Han-liang Chang: *Natural History or Natural System? Encoding the Textual Sign.* 2004, S. 6 online (http://homepage.ntu.edu.tw/~changhl/changhl/natural system_proofs.pdf)

[23] „Omnia Genera & Species naturalia sunt." (deutsch: „Die Gattungen und Arten sind alle natürlich.") In Paragraph 6 der *Ratio Operis* aus *Genera Plantarum.*

[24] *Linnaeus's Diary.* In: Pulteney S. 548

[25] Nils-Erik Landell: *Linnés fjäril.* In: *Arte et Marte: Meddelanden från Riddarhuset.* Band 61, Nr. 1, 2007, S. 6–7 online (http://www.riddarhuset.se/jsp/admin/archive/sbdocarchive/AeM_2007_1.pdf)

[26] Kurzbiographie zu: *Linné, Karl von (1757)* (http://www.bbaw.de/bbaw/MitgliederderVorgaengerakademien/AltmitgliedDetails?altmitglied_id=1656). In: Werner Hartkopf: *Die Berliner Akademie der Wissenschaften: Ihre Mitglieder und Preisträger 1700–1990.* Akademie-Verlag, Berlin 1992, ISBN 3-05-002153-5, S. 220.

[27] "Linnaeus") Eintrag (http://royalsociety.org/DServe/dserve.exe?dsqIni=Dserve.ini&dsqApp=Archive&dsqCmd=Show.tcl&dsqDb=Persons&dsqPos=0&dsqSearch=(Surname=) im Archiv der Royal Society

[28] W. T. Stearn: *The background of Linnaeus's contributions to the nomenclature and methods of systematic biology..* In: *Systematic Zoology.* Band 8, Nr. 1, März 1959, S. 4-22, hier S. 4, online (http://www.jstor.org/pss/2411603)

[29] Eintrag (http://www.linnean.org/index.php?id=50) über Sir James Edward Smith bei der Linnean Society of London

[30] The Linnaean Correspondence – Presentation (http://linnaeus.c18.net/Doc/presentation.php)

[31] Zitiert nach Karl Mägdefrau S. 71.

[32] Julien Offray de La Mettrie: *L'Homme Plante* (http://books.google.ch/books?id=l4sNAAAAQAAJ&pg=PA49). In: *Oeuvres philosophiques de La Mettrie.* Band 2, 1796, S. 49–75

[33] Johann Wolfgang von Goethe: *Geschichte meines botanischen Studiums* 1817

[34] Johann Wolfgang von Goethe: *Die Metamorphose der Pflanzen.* In: Johann Heinrich Cotta (Herausgeber): *Goethe's sämmtliche Werke in vierzig Bänden. Vollständige, neugeordnete Ausgabe. (40 Bde. in 20 Bden).* 1853–1858, Band 27, S. 102 online (http://books.google.de/books?id=M4goAAAAMAAJ&pg=PA102)

[35] http://www.biolib.de/

[36] http://www.botanicus.org/

[37] http://gallica.bnf.fr/ark:/12148/bpt6k96603z

[38] http://gallica.bnf.fr/ark:/12148/bpt6k96608p

[39] http://caliban.mpipz.mpg.de/linne/musa/index.html

[40] http://caliban.mpipz.mpg.de/linne/lapponica/index.html

[41] http://gallica.bnf.fr/ark:/12148/bpt6k967931

[42] http://books.google.com/books?id=TBMAAAAAQAAJ

[43] http://nbn-resolving.de/urn:nbn:de:hbz:061:2-32889

[44] http://caliban.mpipz.mpg.de/linne/hortus/index.html

[45] http://gallica.bnf.fr/ark:/12148/bpt6k966049

[46] http://nbn-resolving.de/urn:nbn:de:hbz:061:2-32631

[47] http://resolver.sub.uni-goettingen.de/purl?PPN371729556

[48] http://gallica.bnf.fr/ark:/12148/bpt6k96630v

[49] http://resolver.sub.uni-goettingen.de/purl?PPN380933462

[50] http://resolver.sub.uni-goettingen.de/purl?PPN371259835

[51] http://caliban.mpipz.mpg.de/linne/zeylanica/index.html

[52] http://reader.digitale-sammlungen.de/resolve/display/bsb10302269.html

[53] http://www.botanicus.org/page/405110

[54] http://gallica.bnf.fr/ark:/12148/bpt6k966169

[55] http://resolver.sub.uni-goettingen.de/purl?PPN371731151

[56] http://caliban.mpipz.mpg.de/linne/philosophia/index.html

[57] http://www.botanicus.org/page/358012

[58] http://resolver.sub.uni-goettingen.de/purl?PPN362053006

[59] http://gallica.bnf.fr/ark:/12148/bpt6k97147f

[60] http://books.google.com/books?id=gUg-AAAAcAAJ
[61] http://reader.digitale-sammlungen.de/resolve/display/bsb10302294.html
[62] http://gallica.bnf.fr/ark:/12148/bpt6k966180
[63] http://reader.digitale-sammlungen.de/resolve/display/bsb10302296.html
[64] http://dx.doi.org/10.2307%2F1217345
[65] http://dx.doi.org/10.2307%2F1215955
[66] http://linnaeus.c18.net/Letters/index.php
[67] http://dx.doi.org/10.2307%2F1216487
[68] http://dx.doi.org/10.2307%2F1215954
[69] http://dx.doi.org/10.2307%2F1218012
[70] http://dx.doi.org/10.2307%2F1219065
[71] http://dx.doi.org/10.2307%2F2411606
[72] http://dx.doi.org/doi%3A10.1016%2Fj.shpsc.2007.06.003
[73] http://dx.doi.org/10.1016%2Fj.shpsc.2007.06.010
[74] http://dx.doi.org/10.2307%2F2411603
[75] http://gallica.bnf.fr/ark:/12148/bpt6k96615z
[76] http://gallica.bnf.fr/ark:/12148/bpt6k966138
[77] http://gallica.bnf.fr/ark:/12148/bpt6k96614m
[78] http://resolver.sub.uni-goettingen.de/purl?PPN529604787

Weblinks

- Literatur von und über Carl von Linné (https://portal.d-nb.de/opac.htm?query=Woe=118573349&method=simpleSearch) im Katalog der Deutschen Nationalbibliothek
- Autoreintrag (http://www.ipni.org/ipni/advAuthorSearch.do?find_abbreviation=L.) und Liste der beschriebenen Pflanzennamen (http://www.ipni.org/ipni/advPlantNameSearch.do?find_includePublicationAuthors=on&find_includePublicationAuthors=off&find_includeBasionymAuthors=on&find_includeBasionymAuthors=off&find_rankToReturn=all&output_format=normal&find_authorAbbrev=L.) für Carl von Linné beim IPNI
- Lebensdaten (http://www.ripa.se/carl-erik/ingalill/0001/45_453.htm) der Vorfahren und Nachkommen
- Volltext von Band 1 (http://zoobank.org/?lsid=urn:lsid:zoobank.org:pub:2C6327E1-5560-4DB4-B9CA-76A0FA03D975&p=0.1&ix=l) der 10. Auflage von *Systema Naturae*
- Volltext von *Philosophia Botanica* (http://botanicallatin.org/philbot/philbot.html)
- The Linnaeus Server (http://linnaeus.nrm.se/welcome.html.en) u. a. mit Museum Adolphi Friderici (http://linnaeus.nrm.se/zool/madfrid.html.en) (englisch)
- Werke (http://193.10.12.180/samlingarna/digitala/linnes-natverk/) bei der Kungliga Biblioteket u. a. Naturae. *1. Auflage* (http://193.10.12.180/samlingarna/digitala/linnes-natverk/Systema-naturae-1735/"Systema) (schwedisch)
- The Linnean Collections (http://www.linnean-online.org/)
- The Linnaean Plant Name Typification Project (http://www.nhm.ac.uk/research-curation/projects/linnaean-typification/index.html)
- Lexikoneintrag (http://runeberg.org/sbh/b0081.html) im Svenskt biografiskt handlexikon von 1906 (schwedisch)

Gallische_Feldwespe

Gallische Feldwespe	
 Gallische Feldwespe (*Polistes dominula*)	
Systematik	
Klasse:	Insekten (Insecta)
Ordnung:	Hautflügler (Hymenoptera)
Familie:	Faltenwespen (Vespidae)
Unterfamilie:	Feldwespen (Polistinae)
Gattung:	*Polistes*
Art:	Gallische Feldwespe
Wissenschaftlicher Name	
Polistes dominula	
(Christ, 1791)	

Die **Gallische Feldwespe** (*Polistes dominula* [1] , früher *P. gallica*), auch **Französische Feldwespe** genannt, zählt innerhalb der Familie der Faltenwespen (Vespidae) zur Gattung *Polistes*.

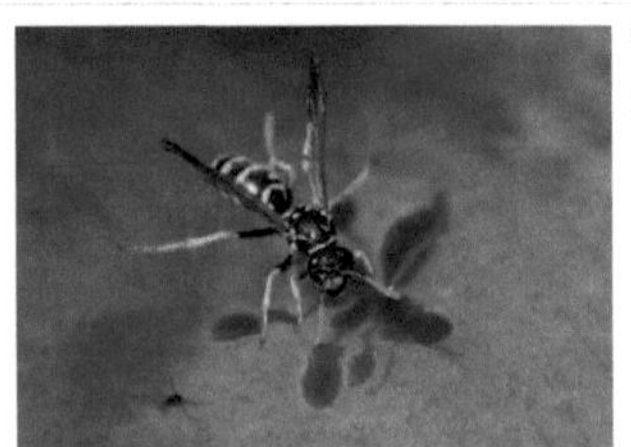
Gallische Feldwespe auf Wasseroberfläche schwimmend

Merkmale

Arbeiterinnen und Drohnen der Gallischen Feldwespe erreichen eine Körperlänge von 11 bis 15 mm, Königinnen werden etwa 18 mm lang. Auf dem Hinterleib (Abdomen) haben sie ein sehr variables, gelb-schwarzes Muster. Auf dem zweiten Hinterleibssegment (Abdominaltergit) sind zwei auffällige gelbe Flecken erkennbar, während die anderen Tergiten gelb gestreift sind. Die Unterseite des letzten Hinterleibssegmentes ist gelb. Meist ist der Kopfschild (Clypeus) vollkommen gelb, bei südlicheren Individuen auch mit einem schwarzen Fleck in der Mitte versehen. Ab dem dritten Geißelglied sind die Antennen vollkommen orangegelb.

Gallische Feldwespe bei Wasseraufnahme zur Nestkühlung...

Vorkommen

Sehr bemerkenswert ist der anhaltende Ausbreitungstrend der Wespen in Richtung Norden. Von dieser Art war noch bis vor wenigen Jahren in Norddeutschland kein Vorkommen bekannt, nun dehnte sie innerhalb der letzten fünf Jahre ihr Verbreitungsgebiet bis nach Dänemark aus. Außer in Süd-, Zentraleuropa und Asien heimisch sind sie mittlerweile auch nach Japan, Australien, Nordamerika und Chile verschleppt worden, auch dort haben sie sich schon sehr gut verbreitet.

Die Tiere bewohnen offenes und warmes Gelände, wie Wiesen und buschreiche Heiden, und bauen ihre Nester auch gerne im Siedlungsbereich der Menschen. Sie kommen dort regelmäßig bis häufig vor und fliegen von April bis September.

... und bei der entsprechenden Wiederabgabe (Regurgitation) eines geschluckten Tropfens.

Verhalten

Die sehr nützlichen Gallischen Feldwespen verteidigen sich nur bei Störung gegen den Menschen. Ansonsten sind sie sehr friedlich.

Ernährung

Sie ernähren sich räuberisch von anderen Insekten und Spinnen, aber auch von Blütennektar.

Gallische Feldwespe beim Abtransport einer gefangenen Raupe. Sie beisst ihr vor dem Flug den Kopf ab.

Nestbau und Fortpflanzung

Gewöhnlich wird das Nest der Gallischen Feldwespe im Frühling von einer Jungkönigin oder meist von mehreren gemeinschaftlich gegründet. Als Bausubstanz wird Holzkitt gebraucht, der aus Holz vertrockneter Pflanzenstängel und dem Sekret der Speicheldrüsen gemischt wird. Das kleine, mantellose (nach außen offene Wabe) Nest wird an einem Neststiel (als Engstelle gute Verteidigungsmöglichkeiten) zumeist in Gebäuden oder außerhalb an einem Stängel oder Stein vertikal gebaut und besteht aus etwa 50 Zellen, es kann aber auch manchmal bis zu 150 Zellen beinhalten und erreicht einen Durchmesser von etwa 10 cm. Es wird von bis zu etwa 30 Arbeiterinnen betreut. Es ist den Arbeiterinnen möglich, die Temperatur im Nest zu regeln: bei Hitze nehmen sie an stehenden Gewässern oder anderen Wasservorkommen Wasser auf und spucken es aufs Nest, dann wird es kühlend mit den Flügeln befächelt; bei Kälte zittern sie mit den Muskeln und geben somit Wärme ab.

Kurz nach der Eiablage frisst die stärkste Königin die Brut der Konkurrentinnen, bis diese die Eiablage aufgeben und sich nur noch als Arbeiterinnen betätigen. Sollte das stärkste Weibchen sterben, folgt das zweitstärkste an ihre Position. Die Arbeiterinnen füttern die Larven und ihre Königin mit Insekten (überwiegend Fliegen) und Spinnen, die sie erst zerkauen und in Kugelform weitergeben. Ab Anfang Juni schlüpfen die ersten Arbeiterinnen und ab Ende Juli Weibchen und Männchen der nächsten Generation aus den Waben. Im September verenden die Gallischen

Feldwespen, nur die Jungköniginnen überwintern.

Weitere Bilder

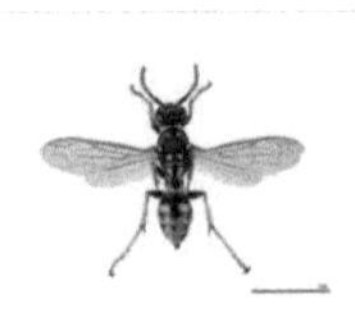

Präparat einer Arbeiterin

Drohn

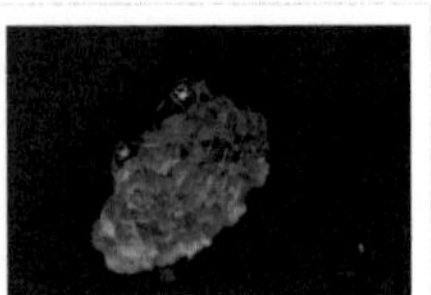
Hüllenloses Nest

großes Nest mit Larven

Belege

Literatur

- Wilhelmine M. Enteman: *Coloration in Polistes.* Washington 1904.
- D. Guiglia: *Les Guepes sociales (Hymenoptera, Vespidae) d'Europe occidentale et septentrionale.* Masson, Paris 1972.
- S. Turillazzi & M. J. West-Eberhard: *Natural history and evolution of paper wasps.* Oxford 1996. ISBN 0-19-854947-4
- Mary J. West-Eberhard: *The social biology of polistine wasps.* Ann Arbor 1969.

Einzelnachweise

[1] J. L. Christ: *Naturgeschichte, Klassification und Nomenclatur der Insekten vom Bienen, Wespen und Ameisengeschlecht als der fünften Klasse fünfte Ordnung des Linneischen Natursystems von den Insekten: Hymenoptera. Mit häutigen Flügeln.* Germanische Buchhandlung, Frankfurt am Main 1791, S. 229

Weblinks

- weitere Bilder und Informationen (http://www.natur-in-nrw.de/HTML/Tiere/Insekten/Hautfluegler/Vespidae/TSI-248.html)

Article Sources and Contributors

Berg-Feldwespe *Source*: http://de.wikipedia.org/w/index.php?title=Berg-Feldwespe *Contributors*: Hornisse, Kulac, Mike Krüger, Muscari, Olei, 1 anonymous edits

Taillenwespen *Source*: http://de.wikipedia.org/w/index.php?title=Taillenwespen *Contributors*: Besserwissi, Frente, Garinger, Geof, Gleiberg, Hati, Hornisse, Ikiwaner, IngoF, Jeremiah21, Jordi, KnightMove, Kulac, Mideal, Mipago, Moros, Naddy, Onkelkoeln, PaulT, Ringler, RokerHRO, Roo1812, Saehrimnir, Sciarinen, Staycoolandbegood, Stechlin, Tigerente, UweRohwedder, Vic Fontaine, Wofl, 19 anonymous edits

Vespoidea *Source*: http://de.wikipedia.org/w/index.php?title=Vespoidea *Contributors*: Achim Raschka, Aka, Clemensfranz, Garinger, Hanno Sandvik, Heinte, Herrick, Hornisse, Hydro, Kulac, MikePhobos, Morray, Naddy, Olei, PaulT, Steffen, T34, Teeschmid, Wofl, 1 anonymous edits

Faltenwespen *Source*: http://de.wikipedia.org/w/index.php?title=Faltenwespen *Contributors*: AHZ, Achim Raschka, Aglarech, Aka, Aragorn05, Archaeodontosaurus, Branka France, Engeser, Fanhir, Garinger, Halbarath, Hornisse, Hydro, IKAl, KaiMartin, Kulac, Kurdischlerner, Lascorz, Mnolf, Muscari, Naddy, Nicor, Niemot, Peter200, R*elation, Rebell0209, Robtrob, Scolia, Steschke, T34, Tigerente, Trotamundos, Vogelfreund, Wofl, WortUmBruch, Zangala, 11 anonymous edits

Feldwespen *Source*: http://de.wikipedia.org/w/index.php?title=Feldwespen *Contributors*: Baldhur, Böhringer, Celph titled, Dha, Doc Taxon, Dubidub, Fanhir, Goldmull, Hati, Hewa, Hornisse, Howwi, Javaprog, KnightMove, Kookaburra, Kulac, Letdemsay, MikePhobos, Mueer01, Muscari, Olei, Onkelkoeln, Schubbay, Soloturn, Stechlin, Trotamundos, Umehlig, Umweltschützen, Westiandi, Wettig, Wofl, 13 anonymous edits

Hautflügler *Source*: http://de.wikipedia.org/w/index.php?title=Hautfl%C3%BCgler *Contributors*: Aglarech, Aka, Aloiswuest, Blablapapa, Buteo, Crazy-Chemist, Cymothoa exigua, Diba, Dysmachus, Eggi F., ErikDunsing, Florian Adler, Fristu, GNosis, Garinger, Geof, Geolux24, Georg Slickers, Gereon K., Giftzwerg 88, Gleiberg, HaSee, Hati, HenrikHolke, Hornisse, Hydro, Inkowik, Katharina, Kku, Krawi, LKD, Leo.Math, MatthiasKabel, Michael Linnenbach, MikePhobos, Mipago, Mühsam, Naddy, Necrophorus, Nicor, Nothere, Paddy, PaulT, PhJ, Philipp Wetzlar, Regiomontanus, Rekymanto, RokerHRO, Said97, Sansculotte, Stefan h, Tigerente, Tiroinmundam, Umweltschützen, WAH, Wofl, Zeno Gantner, 44 anonymous edits

Familie_(Biologie) *Source*: http://de.wikipedia.org/w/index.php?title=Familie_%28Biologie%29 *Contributors*: A.Savin, ABF, AN, Aka, Alex12, Alexander Z., Armin P., Avoided, B.gliwa, Baird's Tapir, Baldhur, Ben-Zin, Brackenheim, Branka France, Buchling, Bücherhexe, Carstor, ChristianErtl, Church of emacs, Co-flens, Cologinux, Conny, Conversion script, Dansker, Denis Barthel, Dha, Doc Taxon, Don Quichote, Engie, Ennowang, ErikDunsing, Friedrichheinz, Fristu, Fujnky, Gerbil, Gerhard Elsner, Gleiberg, Glenn, Hanno Sandvik, Hans J. Castorp, Head, Hydro, Inkowik, JFKCom, Jivee Blau, Klausmach, KnightMove, Kristjan, LGMuenchen, Littl, Liuthalas, Livajo, Makngghk, Martin-vogel, Mathias Schindler, Meteor2017, Numbo3, Nuno Tavares, Pentachlorphenol, Peterwilhelm, Phil41, Porsche 997 Carrera, Ra'ike, Ralf Weigel, Rax, Roo1812, Rprick, Rumpenisse, S.v.Mering, Scooter, Seewolf, Suit, Tönjes, Vigilius, Wofl, 64 anonymous edits

Clypeus *Source*: http://de.wikipedia.org/w/index.php?title=Clypeus *Contributors*: Achim Jäger, Achim Raschka, Doktorscholl, Fixlink, Hornisse, Kulac, Mario todte, Nfreaker91, Philipendula, Regiomontanus, Robin Spook, Summ, Sverigekillen, Tinz, USt, Wofl, 2 anonymous edits

Zierliche_Feldwespe *Source*: http://de.wikipedia.org/w/index.php?title=Zierliche_Feldwespe *Contributors*: Accipiter, IKAl, Kulac, Mike Krüger, Muscari, Olaf Studt, Rbrausse

Kuckuckswespe *Source*: http://de.wikipedia.org/w/index.php?title=Kuckuckswespe *Contributors*: Dietzel, HaSee, Hornisse, Kmhkmh, Kulac, Mike Krüger, Nolispanmo, Olei, Rbrausse, Stechlin, StillesGrinsen, 7 anonymous edits

Berg-Feldwespen-Kuckuckswespe *Source*: http://de.wikipedia.org/w/index.php?title=Berg-Feldwespen-Kuckuckswespe *Contributors*: Kulac, Muscari, Nepomucki

Parasitismus *Source*: http://de.wikipedia.org/w/index.php?title=Parasitismus *Contributors*: 3268zauber, A.Savin, Abcd12345, Achates, Agathenon, Aglarech, Aka, Alfons Renz, Allanon, Alraunenstern, Andante, Armin P., Avoidmeo, AxelStrauss, BKSlink, Bdk, Beelzebubs Grandson, Ben-Zin, Benatrevqre, BesondereUmstaende, Björn Bornhöft, Blablapapa, Bobbit, Brummfuss, Carol.Christiansen, Chaddy, Chb, Che Netzer, Cologinux, CommonsDelinker, Conny, Conversion script, D, Denis Barthel, Density, DerHexer, Diba, Diebu, Domybest, Dr. Martin Kreuels, Drachentoeter, Drahkrub, Eingangskontrolle, Ejka, El., Elwe, Engeser, Erschaffung, Eselwiki, Euku, Euphoriceyes, Fah, Fice, Flavia67, Florian Weber, Gerbil, Gerhardvalentin, German angst, Germit, Ghilt, GillianTL, Glee3gossip, Gnu1742, Gormo, Griensteidl, Guandalug, HaSee, Hardenacke, Hati, Head, Heinte, Herr von Quack und zu Bornhöft, HI1948, Hlambert63, Howwi, Hydro, Hystrix, INM, Infds, Inkowik, Isotype, JAF, JogyB, Johnny Controletti, Kaisersoft, Kangarooh, Kku, Krawi, Kuebi, Kuhlo, Kurt Jansson, Label5, Lars Raddau, Liesbeth, Linum, Lipstar, Littl, Lämpel, Manuel Krüger-Krusche, Marilyn.hanson, MarkusHagenlocher, Martin-vogel, Matthias Geils, Medici, Mef.ellingen, Miaow Miaow, Mikue, Morki, N23.4, NEUROtiker, Nikkis, Nockel12, Nohome, Nurflens, O.Koslowski, Olaf Studt, Olei, Ot, Oxymoron83, Parvus77, PaulePanter, Pelz, Peter Littmann, Philipp.b, Pietz, Pittimann, Pocci, Prekario, Redf0x, Regi51, Regiomontanus, Reinhard Kraasch, Renekaemmerer, Riemenschneider, Rivi, Robbatt, RobertLechner, Rocky16, Roo1812, Rufus46, Sag-Ich-Dir-Nicht, Salomis, Sbaitz, Schizoschaf, Schädlingsexperte, Scooter, SeSchu, Sergio Delinquente, Siebzehnwolkenfrei, Sinn, Soebe, Sprachpfleger, Spuk968, Stefan Kühn, Stoll, Sulfolobus, Takeru-kun, Tango8, Thomas G. Graf, Tigerente, Tilo, Timt, Tinz, Tzzzpfff, Tönjes, Uwe Gille, VerwaisterArtikel, WAH, Wikimensch, Woches, YourEyesOnly, Zacke, Zotteli, €pa, 235 anonymous edits

Carl_von_Linné *Source*: http://de.wikipedia.org/w/index.php?title=Carl_von_Linn%C3%A9 *Contributors*: 08-15, 24karamea, A.Savin, A1000, APPER, Accipiter, Aka, Alexandra lb, Amodorrado, Andi d, Andim, Andrsvoss, Antonsusi, Araneophilus, ArthurMcGill, BKSlink, Baldhur, Ben-Zin, Bender235, BesondereUmstaende, Bierdimpfl, BishkekRocks, Brian Ammon, Bwag, Bücherwürmlein, Bürger-falk, Caligulaminus, Carstor, Chincoteague, Chrigo, Christian List, ChristophDemmer, Complex, Conversion script, CunctatorGermanicus, Dan Koehl, David Ludwig, Denis Barthel, Density, DiLemma, Dietzel, Doc Taxon, DocTaxon, Don Magnifico, Dontworry, Dr. Günter Bechly, Drehrumbum, Dysmachus, Edmund Sackbauer, ElRaki, Engie, Ephraim33, EricPoehlsen, Erwin E aus U, FEXX, Fano, Fingalo, Fish-guts, Fleminra, Foundert, Fragwürdig, FranciscoWelterSchultes, Frank C. Müller, Fristu, G.Hagedorn, Gabbahead., Geaster, GeorgeKaplan, Geos, Gerbil, Gkasperek, Graf-Stuhlhofer, Griensteidl, Grimmi59 rade, H-stt, Hannes Röst, Hanno Sandvik, Head, Hejkal, HenrikHolke, Herr Andrax, Hofres, Ilja Lorek, Immanuel Giel, Itu, J.-H. Janßen, JFKCom, JHeuser, Jan eissfeldt, Janneman, Jed, Jgtgnhjtrer, Jla net.de, Jonaszypries, Jonathan Hornung, Joooo, Jordi, Judit Franke, Justus Brücke, Kam Solusar, Karl-Henner, Kats-rule, Kersti Nebelsiek, Kibert, Kulac, Langec, Lappländer, Lotse, Lucarelli, Lutheraner, MAY, Magnummandel, Magnus, MalteAhrens, MarkusHagenlocher, Martin Aggel, Martin Bahmann, Martin-vogel, Matt1971, Media lib, Merops, Mhohner, Michael Kümmling, Mike Krüger, Mogelzahn, Monty Burns, Morten Haan, Mscherer, Muck31, Nachtgestalt, Nih, Nina, Nordelch, Nowic, Numbo3, Oberfoerster, Obersachse, Ochsenfrosch, Oenie, Olei, Onkelkoeln, Ot, Oudeís, PDD, PaulBommel, Pelz, Peng, Peter200, PeterOliver, PhJ, Pharaoh han, Philipp66, Polarlys, Prolineserver, RLJ, Ra'ike, Rabax63, Raven, Rdb, Redf0x, Regi51, Ri st, Robodoc, Rohitrrrrr, Roland Kaufmann, Roo1812, Rybak, S12345678901234567890, STBR, Sabine0111, Sarkana, Schlesinger, Schwarzpfenning, Schönitzer, Seeteufel, Sinn, Sionnach, Spuk968, Stefan Kühn, Steffen, Stern, Succu, Suisui, Svens Welt, T.M.L.-KuTV, Threedots, Tilla, Tilman Berger, Tischlampe, Tobi B., TomCatX, Tormod, Tröte, UW, Ulbd digi, UlrichJ, Umweltschützen, Unukorno, VMH, W. Edlmeier, WIKImaniac, Wiegels, Wigulf, Wissen, Wolff-BI, WolfgangRieger, Zahnstein, Zaungast, Zeno Gantner, 140 anonymous edits

Gallische_Feldwespe *Source*: http://de.wikipedia.org/w/index.php?title=Gallische_Feldwespe *Contributors*: 790, Aka, Archaeodontosaurus, Doc Taxon, Drahreg01, Dysmachus, Fanhir, Goldmull, Herr Th., Hornisse, Hydro, Javaprog, Ketchupfreak88, Kulac, LivingShadow, Marcus Cyron, Michaeldenis, Mike Krüger, Muscari, Pjt56, Rosenzweig, Rufus46, Shisha, Silberchen, Umschattiger, 4 anonymous edits

Image Sources, Licenses and Contributors

Datei:Polistes_biglumis_bimaculatus_female_nest.jpg *Source*: http://de.wikipedia.org/w/index.php?title=Datei:Polistes_biglumis_bimaculatus_female_nest.jpg *License*: unknown *Contributors*: User:MichaD

Datei:Flying Vespula vulgaris.jpg *Source*: http://de.wikipedia.org/w/index.php?title=Datei:Flying_Vespula_vulgaris.jpg *License*: unknown *Contributors*: User:Soebe

Datei:Wespe.4074.jpg *Source*: http://de.wikipedia.org/w/index.php?title=Datei:Wespe.4074.jpg *License*: unknown *Contributors*: ComputerHotline, Kersti Nebelsiek, MikePhobos

Datei:Frelon europeen.jpg *Source*: http://de.wikipedia.org/w/index.php?title=Datei:Frelon_europeen.jpg *License*: unknown *Contributors*: User:Archaeodontosaurus

Datei:Polistes dominulus fg01.JPG *Source*: http://de.wikipedia.org/w/index.php?title=Datei:Polistes_dominulus_fg01.JPG *License*: unknown *Contributors*: User:Dysmachus

Datei:Nido di vespe.jpg *Source*: http://de.wikipedia.org/w/index.php?title=Datei:Nido_di_vespe.jpg *License*: unknown *Contributors*: Bramfab, Ies, Kersti Nebelsiek, MikePhobos, Olei, Tony Wills, 2 anonymous edits

Datei:FeldWespen_1.JPG *Source*: http://de.wikipedia.org/w/index.php?title=Datei:FeldWespen_1.JPG *License*: unknown *Contributors*: böhringer friedrich

Datei:honigbiene_makro.jpg *Source*: http://de.wikipedia.org/w/index.php?title=Datei:Honigbiene_makro.jpg *License*: unknown *Contributors*: Jon Sullivan

Datei:Biological classification de.svg *Source*: http://de.wikipedia.org/w/index.php?title=Datei:Biological_classification_de.svg *License*: unknown *Contributors*: User:Pengo, User:TomCatX

Datei:A scrutator clypeus.jpg *Source*: http://de.wikipedia.org/w/index.php?title=Datei:A_scrutator_clypeus.jpg *License*: unknown *Contributors*: User:Siga

Datei:Polistes bischoffi.jpg *Source*: http://de.wikipedia.org/w/index.php?title=Datei:Polistes_bischoffi.jpg *License*: unknown *Contributors*: User:Biopics

Datei:Aedes0142.jpg *Source*: http://de.wikipedia.org/w/index.php?title=Datei:Aedes0142.jpg *License*: unknown *Contributors*: User:Bartiebert

Datei:Fleabite.JPG *Source*: http://de.wikipedia.org/w/index.php?title=Datei:Fleabite.JPG *License*: unknown *Contributors*: NeverDoING, Yerpo, 1 anonymous edits

Datei:MistletoeInSilverBirch.jpg *Source*: http://de.wikipedia.org/w/index.php?title=Datei:MistletoeInSilverBirch.jpg *License*: unknown *Contributors*: Havang(nl), Ies, JackyR, MPF, OrangeDog, Pmx, Solipsist

Datei:Varroa destructor on honeybee host.jpg *Source*: http://de.wikipedia.org/w/index.php?title=Datei:Varroa_destructor_on_honeybee_host.jpg *License*: unknown *Contributors*: Bff, Brian0918

Datei:Parasitismus.jpg *Source*: http://de.wikipedia.org/w/index.php?title=Datei:Parasitismus.jpg *License*: unknown *Contributors*: NeverDoING, Pudding4brains, Saperaud, Sarefo, Soebe, Tickle me, Wlodzimierz, 1 anonymous edits

Datei:Eastern Phoebe-nest-Brown-headed-Cowbird-egg.jpg *Source*: http://de.wikipedia.org/w/index.php?title=Datei:Eastern_Phoebe-nest-Brown-headed-Cowbird-egg.jpg *License*: unknown *Contributors*: User:Galawebdesign

Datei:ES Valencia Sierra Aitana Orchidea.jpg *Source*: http://de.wikipedia.org/w/index.php?title=Datei:ES_Valencia_Sierra_Aitana_Orchidea.jpg *License*: unknown *Contributors*: User:TMaschler

Datei:Carolus Linnaeus (cleaned up version).jpg *Source*: http://de.wikipedia.org/w/index.php?title=Datei:Carolus_Linnaeus_(cleaned_up_version).jpg *License*: unknown *Contributors*: Original painting by Alexander Roslin. Digitally improved by Greg L.

Datei:Linne CoA.jpg *Source*: http://de.wikipedia.org/w/index.php?title=Datei:Linne_CoA.jpg *License*: unknown *Contributors*: B****n, Limulus, Massimop, 1 anonymous edits

Datei:LA2-Rashult-2.jpg *Source*: http://de.wikipedia.org/w/index.php?title=Datei:LA2-Rashult-2.jpg *License*: unknown *Contributors*: LA2, Limulus, Väsk

Datei:Carolus Linnaeus by Hendrik Hollander 1853.jpg *Source*: http://de.wikipedia.org/w/index.php?title=Datei:Carolus_Linnaeus_by_Hendrik_Hollander_1853.jpg *License*: unknown *Contributors*: Hendrik Hollander (1823-1884)

Datei:Iter Lapponicum-Bootragender Lappländer.jpg *Source*: http://de.wikipedia.org/w/index.php?title=Datei:Iter_Lapponicum-Bootragender_Lappländer.jpg *License*: unknown *Contributors*: Carl von Linné

Datei:Systema naturae.jpg *Source*: http://de.wikipedia.org/w/index.php?title=Datei:Systema_naturae.jpg *License*: unknown *Contributors*: CarolSpears, Valérie75

Datei:Ehret-Methodus Plantarum Sexualis.jpg *Source*: http://de.wikipedia.org/w/index.php?title=Datei:Ehret-Methodus_Plantarum_Sexualis.jpg *License*: unknown *Contributors*: Georg Dionysius Ehret

Datei:Carl Linnaeus.jpg *Source*: http://de.wikipedia.org/w/index.php?title=Datei:Carl_Linnaeus.jpg *License*: unknown *Contributors*: Beria, Ecummenic, Limulus, Slarre, Wolfmann

Datei:CarlvonLinne house.jpg *Source*: http://de.wikipedia.org/w/index.php?title=Datei:CarlvonLinne_house.jpg *License*: unknown *Contributors*: Andreas Trepte

Datei:Species plantarum 001.jpg *Source*: http://de.wikipedia.org/w/index.php?title=Datei:Species_plantarum_001.jpg *License*: unknown *Contributors*: User:Valérie75

Datei:Linnaeus1758-title-page.jpg *Source*: http://de.wikipedia.org/w/index.php?title=Datei:Linnaeus1758-title-page.jpg *License*: unknown *Contributors*: Carl Linnæus

Datei:CarlvonLinne gravestone.jpg *Source*: http://de.wikipedia.org/w/index.php?title=Datei:CarlvonLinne_gravestone.jpg *License*: unknown *Contributors*: Andreas Trepte

Datei:Karte Linne.png *Source*: http://de.wikipedia.org/w/index.php?title=Datei:Karte_Linne.png *License*: unknown *Contributors*: User:NordNordWest

Datei:Linnaea borealis.jpg *Source*: http://de.wikipedia.org/w/index.php?title=Datei:Linnaea_borealis.jpg *License*: unknown *Contributors*: User:Alterego(fin)

Datei:Medaille-Linnaeus.jpg *Source*: http://de.wikipedia.org/w/index.php?title=Datei:Medaille-Linnaeus.jpg *License*: unknown *Contributors*: Albertomos, Amada44, Kilom691, Limulus, Luigi Chiesa, Valérie75, Via null

Datei:Hortus Cliffortianus-Sigesbeckia.jpg *Source*: http://de.wikipedia.org/w/index.php?title=Datei:Hortus_Cliffortianus-Sigesbeckia.jpg *License*: unknown *Contributors*: Jan Wandelaar

Datei:Linne autograph.png.svg *Source*: http://de.wikipedia.org/w/index.php?title=Datei:Linne_autograph.png.svg *License*: unknown *Contributors*: Carl von Linné

Datei:Polistes_dominula-pjt2.jpg *Source*: http://de.wikipedia.org/w/index.php?title=Datei:Polistes_dominula-pjt2.jpg *License*: unknown *Contributors*: user:pjt56

Datei:Polistes_dominula-pjt1.jpg *Source*: http://de.wikipedia.org/w/index.php?title=Datei:Polistes_dominula-pjt1.jpg *License*: unknown *Contributors*: user:pjt56

Datei:Wasp March 2008-1.jpg *Source*: http://de.wikipedia.org/w/index.php?title=Datei:Wasp_March_2008-1.jpg *License*: unknown *Contributors*: User:Alvesgaspar

File:Gallische Feldwespe mit Raupe.jpg *Source*: http://de.wikipedia.org/w/index.php?title=Datei:Gallische_Feldwespe_mit_Raupe.jpg *License*: unknown *Contributors*: User:LivingShadow

Datei:Polistes dominula MHNT.jpg *Source*: http://de.wikipedia.org/w/index.php?title=Datei:Polistes_dominula_MHNT.jpg *License*: unknown *Contributors*: User:Archaeodontosaurus

Datei:Polistes dominulus male Heilbronn 20070725 2.jpg *Source*: http://de.wikipedia.org/w/index.php?title=Datei:Polistes_dominulus_male_Heilbronn_20070725_2.jpg *License*: unknown *Contributors*: User:Rosenzweig

Datei:Nest der Gallischen Feldwespe.jpg *Source*: http://de.wikipedia.org/w/index.php?title=Datei:Nest_der_Gallischen_Feldwespe.jpg *License*: unknown *Contributors*: Benutzer:Darph

Datei:NestGallischeFeldwespe.jpg *Source*: http://de.wikipedia.org/w/index.php?title=Datei:NestGallischeFeldwespe.jpg *License*: unknown *Contributors*:

Printed by Books on Demand GmbH, Norderstedt / Germany